2021 年浙江省哲学社会科学规划课题
"长三角沿海区域渔业海洋垃圾治理体系研究"（21NDJC091YB）成果

长三角沿海区域
渔业海洋垃圾治理研究

陈莉莉　著

上海交通大学出版社
SHANGHAI JIAO TONG UNIVERSITY PRESS

内容提要

本书从海洋垃圾、海洋渔业垃圾治理概念、基础理论入手,梳理我国长三角沿海区域海洋渔业垃圾治理的历史进程及治理现状。基于舟山区域的研究,以"主体—结构—过程"整体协同框架,提出长三角沿海区域海洋渔业垃圾治理多元主体(政府、社会、市场)协同;长三角沿海区域海洋渔业垃圾治理区域政府内部不同层级、不同部门、不同区域之间的协同;长三角沿海区域海洋渔业垃圾治理阶段、全周期协同;长三角沿海区域海洋渔业垃圾治理工具协同(法治保障、行政命令、社会动员、宣传教育、市场机制、数字赋能)。本书可供从事渔业生产和环境治理研究人员参考。

图书在版编目(CIP)数据

长三角沿海区域渔业海洋垃圾治理研究/陈莉莉著
·   —上海:上海交通大学出版社,2024.7
ISBN 978-7-313-30681-4

Ⅰ.①长… Ⅱ.①陈… Ⅲ.①长江三角洲—海洋污染
—污染防治—研究 Ⅳ.①X55

中国国家版本馆 CIP 数据核字(2024)第 094430 号

长三角沿海区域渔业海洋垃圾治理研究
CHANGSANJIAO YANHAI QUYU YUYE HAIYANG LAJI ZHILI YANJIU

著   者:陈莉莉

出版发行:上海交通大学出版社   地   址:上海市番禺路 951 号
邮政编码:200030   电   话:021-64071208
印   刷:广东虎彩云印刷有限公司   经   销:全国新华书店
开   本:710mm×1000mm 1/16   印   张:12.5
字   数:234 千字
版   次:2024 年 7 月第 1 版   印   次:2024 年 7 月第 1 次印刷
书   号:ISBN 978-7-313-30681-4
定   价:78.00 元

本书是浙江省社科规划课题成果，

由浙江省哲学社会科学规划基金

和浙江海洋大学出版基金共同资助出版

目　　录

绪论：问题的提出

一、全球渔业海洋垃圾蔓延的危机

据联合国的数据,海洋约占地球表面积的 72%,而沿海地带的居民大约占据全球人口的 37%。与海洋相关的紧迫问题涵盖海洋污染、过度的捕鱼行为、由气候变化导致的海平面升高以及海水的酸化现象等。塑料垃圾对海洋的污染是一个不能被忽略的问题。相关数据表明,每年有几百万吨的塑料废弃物涌入海洋,其中 46 万吨是渔业产生的,这给海洋生物、渔业和旅游业带来了巨大的打击。2016 年英国一项研究表明,渔业是造成大量海洋垃圾漂浮在英国海岸附近的主要原因。2018 年一项调查发现,北太平洋垃圾带渔网占了塑料垃圾的近一半。2019 年,"海洋清理"的研究人员收集了北太平洋垃圾带 6000 多件总质量约 547 千克的塑料漂浮物,并指出,渔网在塑料垃圾中占很大比例,捕鱼活动是北太平洋垃圾带中塑料垃圾的主要来源。2022 年 9 月 1 日发表于《科学报告》的一项研究发现,垃圾带漂浮的塑料碎片中,被渔船遗弃或丢失的物品多达 86%。

二、全球渔业海洋垃圾治理的行动

当前,包括渔业海洋塑料在内的海洋塑料污染是全球比较受关注的环境问题之一。

2021 年 3 月,以"加强自然保护行动,实现可持续发展目标"为主题的第五届联合国环境大会续会在肯尼亚首都内罗毕举行。关注的重点在塑料污染、绿色回收和化学废弃物管理等问题上。会上通过了《终止塑料污染决议(草案)》,提出建立一个政府间谈判委员会,到 2024 年达成一项具有国际法律约束力的协议,推动全球塑料制品在设计、生产、回收和处理等环节的全面治理。世界各个国家与相关组织纷纷采取措施,防止海洋塑料垃圾问题不断恶化,努力实现经济与环境的可持续发展。

2023 年 5 月，联合国环境规划署（UNEP）发布最新报告《切断根源：全世界如何终结塑料污染，创造循环经济》，再次呼吁全球重视塑料污染治理问题，并以解决方案为重点，提出如果各国和企业利用现有技术，在政策和市场方面进行深入变革，在 2040 年之前就有望将塑料污染减少 80%。2023 年 5 月 29 日—6 月 2 日，关于制定全球塑料污染治理国际文书的政府间谈判委员会会议（INC-2）在法国巴黎召开，这是目前国际上针对塑料污染治理的最为正式且目的最为明确的全球会议，为之后构建塑料污染全球治理法律框架起到重要的奠基作用。

三、我国渔业海洋垃圾污染不容忽视

《2022 中国海洋生态环境状况公报》显示，塑料类垃圾是海洋垃圾的主要类型。海面漂浮垃圾、海滩垃圾和海底垃圾的主要种类均为塑料类垃圾，分别占 86.2%、84.5% 和 86.8%。我国 60 个近岸区域，沿海海面漂浮垃圾平均个数为 65 个/千米^2，表层水体拖网监测的漂浮垃圾平均个数为 2859 个/千米^2，平均密度为 2.8 千克/千米^2，其中塑料类垃圾数量最多，占 86.2%，塑料类垃圾以泡沫、塑料绳、塑料碎片、塑料薄膜、塑料瓶为主；海滩垃圾平均个数为 54772 个/千米^2，平均密度为 2506 千克/千米^2，其中塑料类垃圾数量最多，占 84.5%，塑料类垃圾以香烟过滤嘴、瓶盖、泡沫、包装类塑料制品、塑料碎片、塑料袋、塑料绳等为主；海底垃圾平均个数为 2947 个/千米^2，平均密度为 54.7 千克/千米^2，其中塑料类垃圾数量最多，占 86.8%，塑料类垃圾以塑料绳、包装袋等为主。整体而言，我国海洋垃圾数量和微塑料平均密度与国际同类监测研究结果基本持平。

渔业养殖和捕捞产生的渔业海洋垃圾正逐渐成为海洋塑料垃圾污染的主要来源之一。

在我国，渔业海洋垃圾可分为作业塑料垃圾和生活塑料垃圾，其中丢弃量较大的作业塑料垃圾包括损坏或废弃的渔网具、废弃泡沫浮具及箱板等；丢弃量较大的生活塑料垃圾主要包括塑料瓶、塑料袋、餐盒等一次性塑料制品。因塑料垃圾的材质不同，其物理特性也不同，材质较轻的塑料垃圾，如泡沫塑料、塑料瓶、塑料袋等，长期漂浮在海面上；采用聚乙烯、尼龙等制成的渔网具、绳索等被丢弃在海水中后呈半漂浮状态；一些材质较重的塑料垃圾则沉入海底。海水养殖过程中产生的塑料垃圾主要是网箱养殖生产过程中使用的泡沫塑料箱、丢弃的网片。由于制作渔网具的塑料合成材料不同，其被丢弃在海水中后往往呈半漂浮或不稳定沉底状态，从而形成"幽灵渔具"，会困住或杀死海洋中的鱼类、海鸟及海豚、海狮等野生动物，甚至可能缠绕船舶推进装置使渔船失去动力，在风高浪急的情况下，会导致船舶出现翻沉等严重事故。

根据《2022年全国渔业经济统计公报》统计数据，截至2022年年底，全国渔船总数51.10万艘，总吨位1031.33万吨。其中，机动渔船34.24万艘，总吨位1007.36万吨，总功率1837.02万千瓦；非机动渔船16.86万艘，总吨位23.97万吨。机动渔船中，生产渔船32.90万艘，总吨位886.13万吨，总功率1590.47万千瓦；辅助渔船1.35万艘，总吨位121.23万吨，总功率246.54万千瓦。2022年，海水养殖面积2074.42千公顷，同比增长2.41%；2022年，渔业人口1619.45万人。海洋渔业活动是海洋经济活动的重要组成部分。渔船在海洋捕捞和海水养殖等生产生活过程中可能产生大量渔业海洋垃圾，因此渔业海洋垃圾治理问题不容忽视。

四、我国出台相关政策推动渔业海洋垃圾治理

随着国家对海洋污染问题的重视，渔业海洋垃圾污染防控也受到一定程度的关注。为打好渤海综合治理攻坚战，加快解决渤海存在的突出生态环境问题，2018年11月30日，生态环境部、发展改革委、自然资源部联合印发了《渤海综合治理攻坚战行动计划》（以下简称《行动计划》），《行动计划》要求开展渔港（含综合港内渔业港区）摸底排查工作，加强含油污水、洗舱水、生活污水和垃圾、渔业垃圾等清理和处置，推进污染防治设施建设和升级改造，提高渔港污染防治监督管理水平。

2019年3月，农业农村部印发《"中国渔政亮剑2019"系列专项执法行动方案》（以下简称《方案》），《方案》针对渤海综合治理专项执法行动指出结合渔港摸底排查工作，加强含油污水、洗舱水、生活污水和垃圾、渔业垃圾等的清理和处置。规范渔船水上拆解活动，严厉查处冲滩拆解行为。严格执行渤海海区船舶排污设备铅封管理制度，严厉查处渔船向水体超标排放含油污水行为。

2020年4月，农业农村部办公厅发布的《关于开展沿海渔港污染防治工作的通知》指出：压实渔港经营主体污染防治主体责任，积极协调推进辖区内渔港污染防治设施设备配备和升级改造，指导做好渔港含油污水、生活废水、固体垃圾等的清理和处置工作。

2023年5月，生态环境部表示在"十四五"期间，海洋生态环境保护工作以美丽海湾建设为主线，在全国划定了283个海湾，大力推进美丽海湾建设。将进一步加强近岸海域、美丽海湾和微塑料监测工作，强化监测体系运行和质量管理，支撑美丽海湾建设和重点海域综合治理攻坚战。

各级政府相关部门相继出台渔港污染防治与管理的政策和规章制度，实施渔业海洋垃圾污染治理工作。2019年12月，浙江省委、省政府发布《关于高标准打好污染防治攻坚战高质量建设美丽浙江的意见》（以下简称《意

见》提出"到 2020 年,所有渔港配备油污、垃圾收集队伍。建立完善船舶污染物接收、转运、处置监管联单和联合监管制度,机动船舶按国家有关规定配备防污染设备"。

2019 年,厦门市海洋发展局组织调研组到同安湾海域现场查看海漂垃圾。厦门市海洋发展局政策法规与审批处、渔港渔船管理与防灾减灾处、厦门市海洋综合行政执法支队、渔港渔船管理处负责人参加调研。调研组查看了五缘湾、浔江港和东咀港外海域的海漂垃圾,分析了垃圾类型和来源。相关海面总体干净,个别海面有从水闸漂出的零星生活垃圾。调研组要求:一是防止渔业垃圾入海,将养殖设施清理干净,防止形成海漂垃圾;二是执法支队加强海面巡查,港船处加强渔港巡查,一旦发现渔业垃圾,及时清理;三是加强对群众的宣传教育,规范船上垃圾收集和集中投放,防止渔船垃圾直接入海;四是由港防处将海漂垃圾巡查情况及时反馈给有关部门。

广西出台《中共广西壮族自治区委员会 广西壮族自治区人民政府关于加快发展向海经济推动海洋强区建设的意见》《广西壮族自治区人民政府关于加强滨海湿地保护严格管控围填海的实施意见》《广西壮族自治区海域、无居民海岛有偿使用的实施意见》《广西加快实施"智慧海洋"工程行动方案》《广西加快现代海洋渔业发展行动方案》《广西海洋生态环境修复行动方案(2019—2022 年)》等文件,着力推动广西海洋生态环境的改善,开展直排海污染源治理工作及海岛海域污水垃圾等污染物治理工作,促进海洋生态功能的恢复和提升。

五、我国渔业海洋垃圾治理的研究现状

近些年来,学术界围绕海洋垃圾治理理论与实践相关议题展开了广泛而热烈的讨论,取得了一些重要的研究进展和新成果。但是专门研究渔业海洋垃圾治理的文献并不多,更多是从海洋垃圾治理这一总体概念入手。渔业海洋垃圾是指在海洋捕捞、海水养殖等海洋渔业活动过程中所产生的各种垃圾的总称,其相关专门性研究较少,对"渔业海洋垃圾"一词并无过多直接解释,渔业海洋垃圾是海洋垃圾的一种,因此其概念可以从相关解释中提炼得出。不同的学者对其有着不同解释,通过对渔业海洋垃圾治理的相关文献进行整理,归纳出以下几个具有代表性的观点。

邓婷、高俊敏(2018)发现在温州渔港区塑料瓶、泡沫垃圾、塑料袋是主要的塑料垃圾类型,提出加强渔业产业升级,做好渔业塑料垃圾的回收管理和分类,加强公众教育,加大公众宣传力度。鞠茂伟(2019)发现废弃渔具是渔业海洋垃圾的主要组成元素,提出应健全废弃渔具相关法律法规,建立完善废弃渔具污染治理机制,同时对渔船、渔港进行严格管理,提升渔业垃圾处理的科技水平。吴

姗姗(2020)将渔业海洋垃圾分为渔业作业塑料垃圾和渔民生活塑料垃圾，认为在目前渔业垃圾防控过程中存在监管不足、渔民环保意识低下、渔港接收渔业海洋垃圾能力不足的问题，创新性地提出要通过奖罚并行、推动渔港标准化建设促进渔业塑料垃圾治理。Sunwook Hong(2014)提出在韩国海滩海洋垃圾中，塑料和泡沫塑料约占垃圾总数的67%和总体积的62%。垃圾的主要来源是商业渔业及海洋水产养殖(占51.3%)。L. Polasek(2017)对阿拉斯加等28个海滩进行调查，发现每个海滩都存在硬塑料，除一个海滩外，其余每个海滩都存在泡沫塑料，且23个海滩存在绳网，硬塑料约占海滩垃圾总质量的60%，绳网占14.6%，泡沫塑料占13.3%，有色金属占1.7%。

阅读相关文献发现，现有的渔业海洋垃圾治理研究主要集中于个别区域的海洋垃圾治理，缺少区域性的整体研究及对渔业海洋垃圾细化类别的研究。不管是基于现实还是基于国家要求，对长三角沿海区域渔业海洋垃圾进行治理都有现实需求，结合长三角一体化发展，本书采用长三角一体化的视角来研究长三角沿海区域渔业海洋垃圾的治理，将上海市、江苏省、浙江省的渔业海洋垃圾治理作为整体在同一个平面进行剖析。

（一）关于海洋垃圾污染现状研究

本书从海水养殖污染现状、废弃渔具污染现状及塑料垃圾排放现状三个角度对我国渔业海洋垃圾排放的现状进行探究，主要参考李静(2020)的《海水养殖污染与生态修复对策》，鞠茂伟等(2020)的《废弃渔具污染防治现状与管理对策探讨》，吴姗姗等(2020)的《中国海洋渔业塑料垃圾排放现状及防控浅析》，陈飞飞(2020)的《海洋塑料垃圾防治的国际法制现状、问题与建议》及其他相关资料。其中李静(2020)的《海水养殖污染与生态修复对策》主要侧重于对渔业养殖区的过度开发、有关渔业的投入品、养殖产品自身的代谢产物及渔业养殖污水的排放，致使海域环境污染日趋严重，养殖环境生态平衡系统遭到严重破坏，并使海洋渔业的可持续发展遭到严重制约等问题的研究。鞠茂伟等(2020)的《废弃渔具污染防治现状与管理对策探讨》则关注废弃渔具对生态环境造成的影响，该文献中提到废弃渔具是对海洋生物来说危险系数最大的一类海洋垃圾，从废弃渔具漂浮于海面、附着于海洋生物及沉于海底三个方面来说明其危害之大，并从全球治理体系的各层次提出废弃渔具污染相关问题的治理对策。吴姗姗等(2020)的《中国海洋渔业塑料垃圾排放现状及防控浅析》则侧重于从渔业作业塑料垃圾和渔民生活塑料垃圾两方面，通过具体数据和相关实例来说明渔业垃圾造成的影响，探讨渔业海洋垃圾治理中存在的不足及对应防控策略。陈飞飞(2020)的《海洋塑料垃圾防治的国际法制现状、问题与建议》侧重于对各类海洋塑料垃圾的现状进行分析。

（二）关于海洋垃圾治理法律法规的研究

张影（2018）的《基于多中心治理理论的南海区海洋垃圾治理机制研究》认为政府要健全海洋垃圾治理的法律法规，制定并完善海洋垃圾治理相关政策与法律体系。王菊英、林新珍（2018）的《应对塑料及微塑料污染的海洋治理体系浅析》提到我国对渔业海洋垃圾污染防治国际新规则及其相关产业的影响评估研究不足，未形成有效的法律法规。张影、张玉强（2018）的《南海区海洋垃圾治理的公众参与研究》认为政府应当加强公众参与海洋垃圾治理的政策法规建设，为公众参与提供有效的制度保障和直接的法律依据。鲁晶晶（2019）的《美国联邦海洋垃圾污染防治立法及其借鉴》指出美国依法制订海洋垃圾处理计划，向渔民支付赎金以鼓励其带回报废的渔具进行集中处理。

（三）关于海洋垃圾治理体制研究

王菊英、林新珍（2018）的《应对塑料及微塑料污染的海洋治理体系浅析》认为海洋塑料垃圾的治理，缺少国家层面专门性的政策安排和制度体系，在实际管理中面临着多头管理、权责不明、投入不足等问题，国家部门、地方政府、社会公众的多方合力尚未形成；因此基于社会民间力量，自下而上减少海洋污染的治理方案可产生实质性的效果。

（四）关于海洋垃圾治理机制的研究

张影、张玉强（2018）的《南海区海洋垃圾治理的公众参与研究》提出要建立和优化公众海洋垃圾治理参与机制，从组织及公众自身探讨海洋垃圾治理之路。王菊英、林新珍（2018）在《应对塑料及微塑料污染的海洋治理体系浅析》中指出可以基于市场机制和企业责任来进行海洋垃圾的治理防控，可有效从源头减少海洋垃圾。李潇等（2019）剖析了欧盟及其成员国海洋塑料垃圾政策，提出了我国在过程管控、监测防治技术上存在的不足，建议加强渔业弃置设施、养殖废弃物和海上旅游观光生活废弃物的集中收集处置机制和岸上处理联动机制。

（五）关于海洋垃圾治理能力建设的研究

倪国江、文艳、刘洪滨（2016）认为需要从社会环保行动、制度与执法建设、产业发展、环境整治、资金投入、科技创新、国际合作等多方面加强能力建设，推动建立海洋垃圾防治长效机制，加强源头防控，大幅减少垃圾入海，降低或消除海洋垃圾带来的危害。张影（2018）认为公众在海洋垃圾治理中的作用得不到充分发挥。张影、张玉强（2018）认为加强对公民的教育和引导、激发公众对海洋垃圾治理的认同感和责任心，能增强公众参与南海区海洋垃圾治理的内生动力。

(六)关于海洋垃圾的地方治理研究

邓婷等(2018)的《温州沿海大型塑料垃圾排放特征研究》、朱敏(2018)的《上海九段沙湿地渔业资源与管护对策》等对区域环境进行研究,研究显示浙江、上海沿海区域渔业产业发达,海上渔业活动密度大、类型多样,如捕捞、渔排和网箱养殖、休闲垂钓等,其产生的大量生活垃圾正在威胁江浙沪的海洋生态环境,渔业海洋垃圾治理形势日趋严峻。陈熙等(2019)的《辽东湾河口区海洋垃圾赋存特征及管理对策》就辽东湾河口区海洋垃圾分布、组成特征、来源的调查分析,提出关于渔业垃圾认定的问题。黄永胜等(2019)的《广东省沿岸海域海洋垃圾管理现状及防治对策研究》在对广东省沿岸海域海洋垃圾管理现状分析考察中,提出对近海养殖等小型船水上活动所产生垃圾的管理相对随意,垃圾通常扔掷或就海排放,缺乏合理化的管理体制,并就此提出建立海上垃圾清运保洁队伍,建立层层拦截和日常巡查责任制的管理方式。

综上所述,目前我国对渔业海洋垃圾治理的研究还远远不够,特别是对渔业海洋垃圾区域治理体系的研究更是不足。主要表现在:对于渔业海洋垃圾跨区域治理理念理论阐释不足,渔业海洋垃圾跨区域治理的本土实践创新研究不够,渔业海洋垃圾跨区域治理体系性、制度化、法治化研究欠缺。

六、长三角沿海区域渔业海洋垃圾治理的必要性

2018年,长三角区域一体化发展上升为国家战略,三省一市(浙江省、江苏省、安徽省、上海市)的发展进入新阶段。作为中国区域经济发展蓝图中的先行者,长三角区域一体化发展的建设成果可圈可点。2022年,长三角地区生产总值已达29.03万亿元。长三角以全国1/26的国土、1/6的人口,为国家贡献了接近1/4的GDP。长三角地级以上城市41个,至2023年,有9个城市进入"万亿城市俱乐部";地区生产总值规模在5000亿元以上、1万亿元以下的城市有11个。长三角区域成为我国经济发展最活跃、开放程度最高、创新能力最强的区域之一。

长三角区域一体化发展尽管已取得明显成效,但仍有多个问题待解决,虽然目前各方对示范区绿色发展已经基本达成共识,也取得了阶段性成果,但是在示范区有限的生态环境资源下,如何在不过度开发的前提下实现一体化高质量发展,协调好发展速度、改革力度、示范强度等之间的关系,切实形成可复制、可推广的制度创新经验,实现中央赋予的"两个率先"的重大使命,还需要探索更多管用、好用的思路和举措。

《2022 中国海洋生态环境状况公报》显示，与长三角地区紧密关联的东海，在夏、秋两季统计中，未达到第一类海水水质标准的海域面积与数量在全国海域中均最高，长三角沿海地区的海水质量较差，因为渔业养殖和捕捞而产生的渔业海洋垃圾是主要入海污染源之一，渔业海洋垃圾也给长三角沿海区域的相关产业发展造成了很大危害，治理刻不容缓。

长三角沿海区域对长三角整体的经济发展有强大的辐射作用。长三角沿海区域面临的许多挑战都具有首发性，比如海洋环境的严重污染、人口率先聚集、政策首发试点，在解决这些事务时，国内没有可借鉴的经验，治理难度较大。生态优先、绿色发展、推进生态环境共保联治是长三角一体化进程中的重要课题。展望未来，高质量一体化之路该如何走？这必然建立在人和自然和谐发展的基础上，推动长三角区域一体化发展这一国家战略走深走实。

七、长三角沿海区域渔业海洋垃圾治理研究主要思路

国家治理体系和治理能力是一个国家的制度和制度执行能力的集中体现。党的二十大报告把"国家治理体系和治理能力现代化深入推进"作为未来五年我国发展的主要目标任务之一。新征程上，必须深入推进国家治理体系和治理能力现代化，把我国制度优势更好地转化为治理效能。当前，长三角沿海区域又迎来了建设"全球海洋中心城市"及"长三角一体化发展"的新机遇，同时，也面临着海洋环境治理的挑战。面对长三角沿海区域渔业海洋垃圾日益严峻的现实问题，为适应区域一体化发展的需要，渔业海洋垃圾区域治理体系建设应成为重要任务。本书以多主体协同治理、整体性治理、数字化治理、法治化治理等理论为指导，从治理体系现代化建设的角度推进长三角沿海区域渔业海洋垃圾机制及治理体系建设，既要改革不适应实践发展要求的体制机制、法律法规，又要拓展实践经验，推进其转化为制度成果，使各方面制度更加科学、完善，实现社会多主体的协同发展及整体性、数字化、法治化，实现治理制度化、规范化、程序化。从现代治理能力建设的角度，提高长三角沿海区域渔业海洋垃圾治理多主体协同能力、整体性能力、数字化能力和法治化能力，从而推进渔业海洋垃圾治理体系及能力建设，进一步拓展长三角海洋经济发展空间。这一方面在理论上有助于完善区域海洋环境治理理论，推进区域治理理论在海洋领域的交叉研究，完善海洋环境治理体系；另一方面在实际应用价值上有助于了解长三角沿海区域渔业生产过程中的渔业海洋垃圾污染现状及其影响，为长三角沿海区域渔业海洋垃圾治理政府决策提供典型案例和基础数据，为政府出台相关政策提供相应科学建议。因此本研究具有较高的理论价值和实际应用价值。

本书以长三角沿海区域渔业海洋垃圾治理为主要研究对象，试图对长三角沿海区域渔业海洋垃圾治理体制机制设计和制度路径改革提出有针对性的对策建议。从研究路径上看，首先必须确定渔业海洋垃圾治理体系研究的规范性问题，阐述研究的理论基础及分析框架，如渔业海洋垃圾及其相关概念、理论基础与分析范式；其次收集长三角沿海区域渔业海洋垃圾污染的基本情况，如沿海区域渔业海洋垃圾来源、数量、现状等；再次要从多主体协同治理、整体性治理、数字化治理、法治化治理等多视角评估现有的长三角沿海区域渔业海洋垃圾治理的政策法规、体制机制、运行模式和能力建设；最后基于多主体协同治理、整体性治理、数字化治理、法治化治理等视角对渔业海洋垃圾治理体系建设和能力建设提出对策建议。见图 0-1。

八、长三角沿海区域渔业海洋垃圾治理研究主要内容

本书研究的基本内容可以概括为：通过对海洋垃圾、渔业海洋垃圾、渔业海洋垃圾治理，以及渔业海洋垃圾多主体协同治理、整体性治理、数字化治理、法治化治理的规范化研究，归纳长三角沿海区域渔业海洋垃圾治理的分析框架和理论支撑，全面测量和分析长三角沿海区域渔业海洋垃圾的来源、特征、影响因素等现状，在此基础上，从多主体协同治理、整体性治理、数字化治理、法治化治理多视角考察江浙沪沿海区域渔业海洋垃圾治理法律法规、体制机制、运行模式及能力建设，就监测数据、典型案例和典型区域进行实证分析和现状评估，得出渔业海洋垃圾区域治理的体系建设框架，系统提出长三角沿海区域渔业海洋垃圾治理的制度化建设建议。上述内容可用图 0-1 表述。

具体包括如下内容。

第一，规范研究：渔业海洋垃圾治理的规范化界定、相关概念、理论基础与研究范式。分析渔业海洋垃圾、渔业海洋垃圾治理的国内外理论和实践，得出在中国发展环境下渔业海洋垃圾、渔业海洋垃圾治理的基本概念和内涵。一方面旨在界定研究所涉及的相关概念，介绍所涉及的基本理论，防止后续研究中因概念混淆而产生争议；另一方面，基于多视角治理理论建构本研究的主要研究范式。其主要内容包括：①界定所涉及的主要概念，包括渔业海洋垃圾、渔业海洋污染、渔业海洋垃圾治理等；②结合本研究的主要内容和相关文献评述，分析多主体协同治理理论、整体性治理理论、数字化治理理论、法治化治理理论等对该研究的借鉴价值及其适用性；③进一步提出基于多视角的研究理路和概念工具，建构制度研究范式。

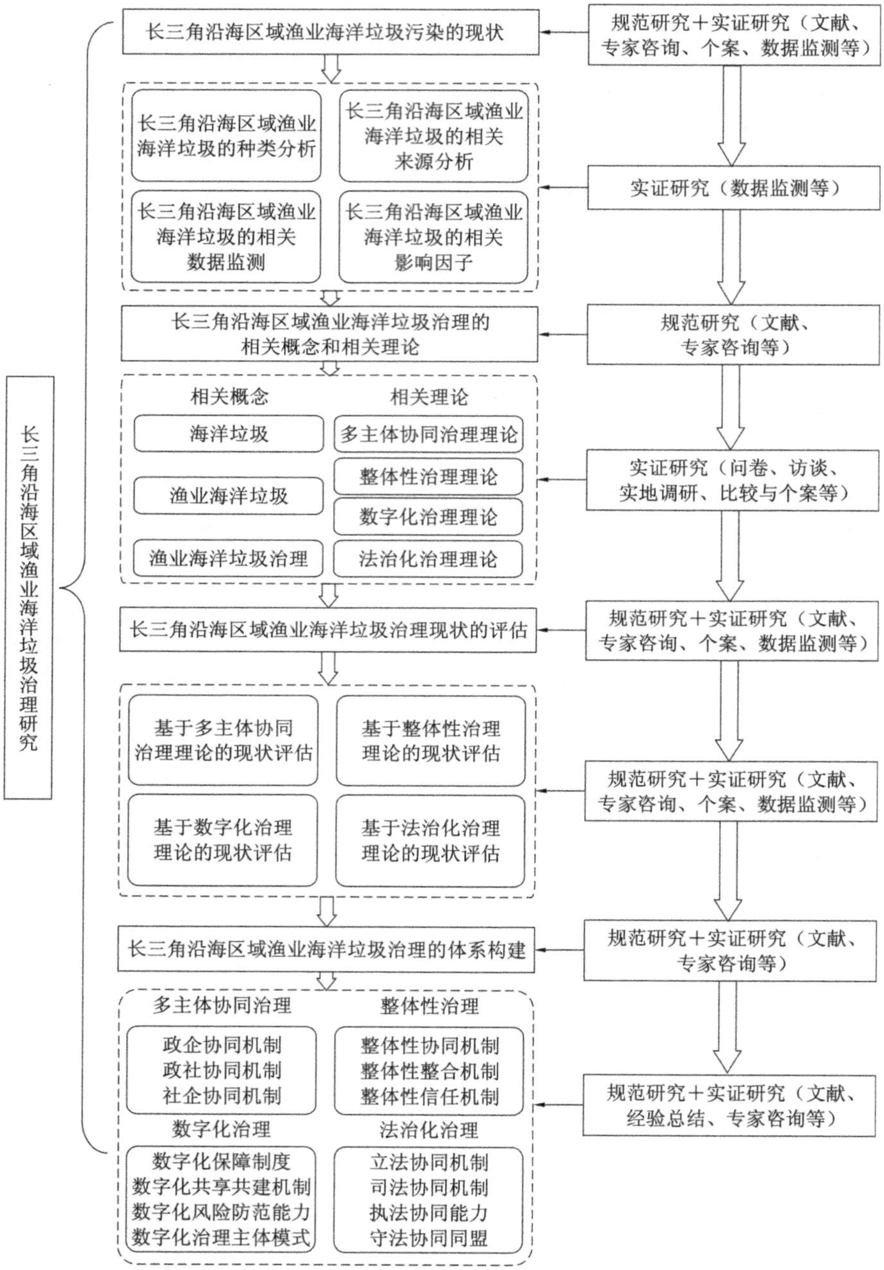
长三角沿海区域渔业海洋垃圾治理研究
长三角沿海区域渔业海洋垃圾污染的现状
规范研究+实证研究（文献、专家咨询、个案、数据监测等）
长三角沿海区域渔业海洋垃圾的种类分析
长三角沿海区域渔业海洋垃圾的相关来源分析
长三角沿海区域渔业海洋垃圾的相关数据监测
长三角沿海区域渔业海洋垃圾的相关影响因子
实证研究（数据监测等）
长三角沿海区域渔业海洋垃圾治理的相关概念和相关理论
规范研究（文献、专家咨询等）
相关概念
相关理论
海洋垃圾
渔业海洋垃圾
渔业海洋垃圾治理
多主体协同治理理论
整体性治理理论
数字化治理理论
法治化治理理论
实证研究（问卷、访谈、实地调研、比较与个案等）
长三角沿海区域渔业海洋垃圾治理现状的评估
规范研究+实证研究（文献、专家咨询、个案、数据监测等）
基于多主体协同治理理论的现状评估
基于整体性治理理论的现状评估
基于数字化治理理论的现状评估
基于法治化治理理论的现状评估
规范研究+实证研究（文献、专家咨询、个案、数据监测等）
长三角沿海区域渔业海洋垃圾治理的体系构建
规范研究+实证研究（文献、专家咨询等）
多主体协同治理
政企协同机制
政社协同机制
社企协同机制
整体性治理
整体性协同机制
整体性整合机制
整体性信任机制
数字化治理
数字化保障制度
数字化共享共建机制
数字化风险防范能力
数字化治理主体模式
法治化治理
立法协同机制
司法协同机制
执法协同能力
守法协同同盟
规范研究+实证研究（文献、经验总结、专家咨询等）

图 0-1　长三角沿海区域渔业海洋垃圾治理研究框架

第二,实证研究:长三角沿海区域渔业海洋垃圾污染的现状。依托历年权威部门发布的海洋公报及各地权威部门发布的海洋垃圾监测数据分析长三角沿海区域渔业海洋垃圾污染的现状。其主要内容包括:①数据的基本情况;②来源、特征及分布等分析;③影响因子及制约因素等分析。

第三,规范研究＋实证研究:长三角沿海区域渔业海洋垃圾多主体协同治理研究。在前文理论分析、比较研究和经验借鉴的基础上,以长三角沿海区域为例,分析渔业海洋垃圾多主体协同治理的行动逻辑、制度安排现状及现存问题,以舟山区域为研究重点展开实证研究,提出多主体协同治理制度建议。其主要内容包括:①长三角沿海区域渔业海洋垃圾多主体协同治理利益相关方行为分析;②基于舟山区域考察分析长三角沿海区域渔业海洋垃圾多主体协同治理存在的困境;③基于舟山区域考察渔民参与多主体协同治理现状、意愿、行为能力、影响因素评估及激励机制构建;④基于多主体协同治理的渔业海洋垃圾治理体系制度设计的对策建议。

第四,规范研究＋实证研究:长三角沿海区域渔业海洋垃圾整体性治理研究。在前文理论分析、比较研究和经验借鉴的基础上,以长三角沿海区域为例,分析渔业海洋垃圾整体性治理的内在逻辑、制度评估及现存问题,以舟山区域为研究重点展开实证研究,提出整体性治理体制机制建议。其主要内容包括:①长三角沿海区域渔业海洋垃圾整体性治理的内在逻辑及实施路径;②基于浙江舟山、温州个案的实证研究及结论分析。

第五,规范研究＋实证研究:长三角沿海区域渔业海洋垃圾数字化治理研究。在前文理论分析、比较研究和经验借鉴的基础上,以长三角沿海区域为例,分析渔业海洋垃圾数字化治理的内在逻辑、制度评估及现存问题,以舟山区域为研究重点展开实证研究,提出数字化治理体制机制建议。其主要内容包括:①长三角沿海区域渔业海洋垃圾数字化治理的现实基础及需求;②基于实证个案的研究分析;③形成基于数字化治理的渔业海洋垃圾治理对策。

第六,规范研究＋实证研究:长三角沿海区域渔业海洋垃圾法治化治理研究。在前文理论分析、比较研究和经验借鉴的基础上,以长三角沿海区域为例,分析渔业海洋垃圾法治化治理的内在逻辑、制度评估及现存问题,以舟山区域为研究重点展开实证研究,提出法治化治理制度建议。其主要内容包括:①长三角沿海区域渔业海洋垃圾法治化治理的现实需求及问题所在;②基于国际经验的借鉴和比较;③形成基于法治化治理的对策建议。

本书研究重点:第一,当前长三角沿海区域渔业海洋垃圾污染的基本现状;第二,长三角沿海区域渔业海洋垃圾治理发展历程的评估;第三,长三角沿海区域渔业海洋垃圾治理的实践;第四,实现长三角沿海区域渔业海洋垃圾多主体协同治理、整体性治理、数字化治理、法治化治理的体制机制和制度政策的设计。

本书研究难点：明晰长三角沿海区域渔业海洋垃圾治理各主体以怎样的体制机制、运行模式及途径参与渔业海洋垃圾治理，实现我国海洋环境治理能力现代化。

第一章　渔业海洋垃圾治理
相关概念和相关理论

第一节　相关概念

一、海洋垃圾

2008 年《欧盟海洋战略框架指令》对海洋垃圾定义作了进一步的深化,认为海洋垃圾确实是由人类制造出来的。海洋垃圾由两部分构成,一部分是人类有意或无意地丢弃和遗失在海洋和海岸线的,另一部分是那些从内陆河流和排污系统或受暴风等恶劣天气影响被带入海洋的物质,这些海洋垃圾不包括半固体物质(例如金属、橡胶、煤矿和蔬菜油),以及石蜡与偶尔污染海洋的化学物质。美国国家海洋和大气管理局在上述有关海洋垃圾定义的基础上还明确了这些固体废弃物绝大部分来自人类直接或间接的投掷行为。2009 年,联合国环境规划署将海洋垃圾定义为在海洋和沿海环境中丢弃、处置或遗弃的任何持久、制造或加工的固体材料。2015 年 10 月,我国国家海洋局生态环境保护司出台《海洋垃圾监测与评价技术规程(试行)》,明确将海洋垃圾定义为,在海洋和海滩环境中具持久性的、人造的或经加工的被丢弃的固体物质,包括故意弃置于海洋和海滩的已使用过的物体,由河流、污水、暴风雨或大风直接携带入海的物体,恶劣天气条件下意外遗失的渔具、货物等。

虽然海洋垃圾的定义并不完全统一,但是其中有四个特点较为明确:一是由人类生产活动及生活行为所带来的;二是有意或无意留下的;三是废弃或被遗弃入海的;四是存在于海洋环境中的固体废弃物。另外海洋垃圾存在以下几个方面的共性。

(1)从来源看,海洋垃圾可以划分为两大类别:海源垃圾与陆源垃圾。①海源垃圾指的是海上渔船、商船等在运输航行过程中所产生的生活垃圾,渔民所丢弃的渔具、渔网,海上养殖户用完后舍弃的养殖网笼及一些海上船只出现的泄漏等;②陆源垃圾来源可能更加广泛,如海洋附近的居民向海洋中随意丢弃的垃圾及游客在游玩过程中所丢弃的各种垃圾。

(2)根据海洋垃圾所处位置不同,可将其分为海漂垃圾、海滩垃圾和海底垃圾。

(3)从成分来看,塑料类垃圾在海洋垃圾中占比最高、种类最多、分布最广,其次是金属类垃圾。

二、渔业海洋垃圾

渔业海洋垃圾是海洋垃圾的重要组成部分。目前,在海洋垃圾研究方面,一些学者对渔业海洋垃圾相关概念形成了不同的观点。如董晓平(1992)在《日本渔业垃圾造成环境污染》中指出:渔业海洋垃圾主要包括各种废渔船、废渔网及大量贝壳,这些渔业海洋垃圾给大海带来了十分恶劣的影响。吴姗姗等(2020)在《中国海洋渔业塑料垃圾排放现状及防控浅析》中指出,渔业海洋垃圾主要是指在海洋渔船出行过程中,渔船航行作业时所产生的,并且排放于海洋里的各种污水和垃圾,以及在渔业养殖过程当中形成的复杂多样、形状各异的塑料垃圾,在各类污染海洋生态环境的垃圾中,塑料垃圾所造成的污染最为严重。

根据联合国粮食及农业组织(FAO)的相关定义,渔业海洋垃圾主要是指在渔业生产和生活过程中产生的,在海洋环境中丢失、遗弃或者丢弃的垃圾,此类海洋垃圾涉及养殖业、捕捞业及休闲垂钓等行业。具体来说,渔业海洋垃圾包括渔具残片、网具、渔船结构件、塑料桶、鱼箱及船舶残骸等。这些废弃物可能直接或间接地对海洋生态环境造成不可逆的影响。

结合不同学者、不同机构对渔业海洋垃圾相关概念的定义,本书认为渔业海洋垃圾是指在海洋环境中由渔业从业人员在渔业生产活动中所制造的各种固体废弃物。具体来说,从垃圾产生行为来看,渔业海洋垃圾主要是在渔业生产过程中丢失、遗弃或丢弃的海洋垃圾;从垃圾产生行业来看,涉及的行业不但包括海洋捕捞和养殖等传统渔业,还包括休闲渔业;从垃圾种类来看,渔业海洋垃圾以废弃渔具居多,主要表现为渔网、渔具、浮标及绳索等,也包括各种饵料包装、饲料包装、泡沫箱等塑料包装;从垃圾的来源来看,海洋漂浮垃圾多为塑料垃圾,如浮球、渔网、泡沫箱及各种生活垃圾,海底垃圾也多为塑料垃圾。由于塑料难以降解,使得这些海底垃圾长久地存在于海洋当中,长期下来不但给海洋环境带来严重影响,还会破坏海洋生态的平衡。

三、渔业海洋垃圾治理

显然,从垃圾的产生行为、产生行业、种类及来源等方面来看,渔业海洋垃圾既具有典型的公共物品的属性,又具有公益性、民生性的社会特征。渔业海洋垃圾的公共物品属性指渔业海洋垃圾是能够严格满足非竞争性和非排他性的物品,渔业海洋垃圾回收处理有相关政策和措施可以参照,渔业海洋垃圾处理设施设备属于基础设施。渔业海洋垃圾的公益性、民生性是指渔业海洋垃圾的处理、管理,不仅涉及法律法规,而且涉及渔业生产集体契约和渔民及渔业从业者的个人行为。因此,渔业海洋垃圾的治理需要政府的重视及全社会的参与。

长期以来,我们习惯了政府主导渔业海洋垃圾处理的管理模式,但是随着渔业海洋垃圾来源日益复杂、数量增大和公众参与意识的增强,渔业海洋垃圾问题逐渐成为海洋生态环境管理、海洋渔业管理的重点和难点。传统意义上的行政强制管理既易造成社会抵触,又无法达到预期的管理效果。这就需要政府改变传统渔业海洋垃圾治理的思维模式,使渔业海洋垃圾治理为海洋生态环境保护、海洋经济社会发展与海洋社会和谐建设服务,使渔业海洋垃圾治理真正成为社会治理的重要组成部分。

具体来说,渔业海洋垃圾治理是指政府、社会群体和公众协同的全过程、全链条治理。其研究对象是政府、社会及社会利益相关方之间互动的方式方法,侧重于政府、社会及社会利益相关方的关系,以及渔业海洋垃圾治理与科学技术、市场等的复杂关系。

从处理、管理到治理,一字之差,意义相隔甚远。渔业海洋垃圾管理研究内容侧重于政府干预的方法和各种工具与手段,目的是保证垃圾处理行业与作业高效、有序发展。难就难在需要政府发挥主导作用,企业承担社会责任,公众回归公共理性。渔业垃圾治理讲究政府引导,广泛吸收社会公众参与,强调政府、社会及社会各利益相关方之间的依赖性和互动性,依赖社会自治网络体系,其目标是均衡社会成本、效率与公平,遏制政府失灵、社会失灵和市场失灵,从而促进渔业海洋垃圾问题系统性解决。解决渔业海洋垃圾问题不仅需要技术和行政管理,更需要政府与社会互动共治,更好地发挥技术和行政管理作用,将解决问题的途径从渔业海洋垃圾处理和管理转变为渔业海洋垃圾治理。

在从处理、管理到治理的思维转变过程中,我们不仅要看到渔业海洋垃圾的物质属性,更要看到渔业海洋垃圾的准公共性及社会属性。我们要重视政府和社会内部及彼此的互动,要看到政策、社会和技术之间的相互作用及其对垃圾产生、处理和社会公共利益的影响。

本书提出的渔业海洋垃圾治理范式是基于多理论视角的整体性、系统性、数字化、法治化及多元性的区域协同共治。对渔业海洋垃圾的治理更多地要基于公共性、公益性及民生性。主张吸纳多主体协同治理、整体性治理、数字化治理、法治化治理理论和海洋垃圾治理的研究成果,推动政府和社会良性互动,通过制度创新、技术创新和体系创新,实现渔业海洋垃圾全程、多元、综合和依法治理。其中,基于多理论视角建构渔业海洋垃圾治理是本书的研究主线和目的。因此,本书重点关注渔业海洋垃圾治理的3个方面:①渔业海洋垃圾治理的多理论视角分析模型构建;②多理论视角下渔业海洋垃圾治理现状评估;③基于多理论视角的渔业海洋垃圾治理范式构建,包括制度、政策、机制、模式、路径等,从而提高渔业海洋垃圾治理的能力。

第二节 相 关 理 论

一、多主体协同治理理论

德国著名物理学家赫尔曼·哈肯于20世纪70年代首次提出"协同学",他在协同理论中阐释了无序混乱的系统通过协同作用形成有序结构的过程。治理理论自20世纪90年代以来得到广泛研究与实践探索,而协同治理是协同理论与治理理论相结合的交叉理论。

协同治理主要是指公共部门与一些非政府机构、民间组织及企业等多个主体之间协商决策的过程,强调在治理过程中多个主体之间相互尊重、相互协调、相互合作,共同解决公共事务和问题。与传统的政府单一决策和执行的治理方式不同,协同治理强调多主体在治理中达成共识的过程,包括政府部门、社会组织、企业和公众等各方的参与。在协同治理的过程中,各方可以通过开展讨论、协商、磋商等方式,共同探讨问题的本质,交流各自的观点和想法,通过合作和协调解决问题,达成共同的治理目标。协同治理的优点在于可以充分发挥各方优势,整合各种资源,形成共赢的局面。通过协同治理,可以减少政府单方面决策的缺陷,使公共决策更加科学化和民主化,从而提高治理效能。此外,协同治理还可以促进各方的参与和协作,增强社会的凝聚力和共同意识,有助于构建和谐稳定的社会环境。

协同的相关概述和协同理论的分析方法为协同治理理论对治理理论的补充和升级作了铺垫。协同治理理论是指多元主体间通过协调合作,形成相互依存、共同行动、共担风险的局面,产生合理、有序的治理结构,以促进公共利益的实现,其中既包括具有法律约束力的正式制度和规则,也包括各种促成协商与和解的非正式制度。协同治理理论是由自然科学中的协同理论和社会科学中的治理理论综合而成的理论,其作为一种新兴的交叉理论,对解释社会系统协调共同发展有着较强的推动力。

多主体协同治理的基本内涵如下。一是治理主体的多元性。主张除政府外,市场主体和社会主体等都可以参与公共事务的管理与调节。其中市场主体主要是指企业,社会主体则是指第三部门和公众。同时,还强调这些主体应在法制及制度框架内进行合法运作,积极参与公共事务管理,参与决策和共识的建构。二是治理手段的多样化。治理在依靠政府权威的同时,也可以依赖市场化的手段,考虑新技术及工具的应用,治理手段应由以强制性为主向以平等对话、合作为主的多元化手段转变。三是治理目标的多元化,即一改传统的"善政"治理目标,转变为"善治"治理,具体来说,治理目标应由单纯追求效率向追求公共利益最大化转变。

显然,多主体协同治理理论打破了传统两分法的思维模式,指出有效的管理应该是多元主体间的合作与互动的过程,试图以此建立起公共事务管理新范式。该理论具有如下特征。

(1)关注治理主体多元化格局,重视和关切来自私人或民间的力量。主张除市场和政府外,还有来自社会的力量,如志愿性团体、非政府组织和社区等组织,它们亦可以参与秩序维持、政治、经济、社会事务的管理与调节,同时强调这些主体应在法制及制度框架内合法运作,参与决策和共识的建构,积极参与共同管理。

(2)关注治理主体多元化的同时,就政府的地位给予重新定位。主张政府在管理中担任"长者"的身份,政府的职责不仅局限于最高绝对权威的行使,还要建立指导参与共同管理的多元主体的准则。

(3)主张以多主体为核心,各种治理主体在协作的基础上相互拾遗补阙,通过多样化互动模式,形成政府主导下的网络式治理格局。同时,在多元治理的网络格局中,政府与来自市场和社会的主体间形成既独立运作又相互依存的关系,实现责任、资源和权力的共同分享,形成合作伙伴式主体关系。在多元治理理论启示下,治理主体不应该仅限于政府,而应引入市场主体和社会主体,其中就包括私人部门、第三部门和公众等。

二、整体性治理理论

整体性治理理论为应对新公共管理造成的碎片化服务而产生,由英国学者佩里·希克斯奠定基础。与新公共治理不同,新公共治理过分追求自身利益而忽视公共利益,而整体性治理是指以公民需求为价值理念,通过政府层级、功能和部门的整合,为公民提供一种无缝隙且非"碎片化"的公共服务。整体性治理理论的提出是为了弥补"碎片化"治理的弊端。整体性治理从三个维度构建了一个治理模型:一是纵向上治理层级的整合,从全球、大洲到国家、地区和地方,不同的层级之间通过协议进行整合,共同解决问题;二是横向上治理功能的整合,包括功能相似组织之间的整合和组织内部功能重合或相似部门的整合;三是公私部门的整合,将社会团体、企业与公共部门进行整合,发挥各自优势。

整合和协调是整体性治理的两个关键词,是整体性治理的内核,二者互为基础和前提,缺一不可。整体性治理理论要求政府相关部门对内要增强自身责任感,促使政府内部横向上与各机构及纵向上与各级部门协调与整合;对外要重视公民的需求,实现问题解决与服务供给深度融合,保障公民经济利益与社会利益,引导社会各组织及公民共同参与,调动各方面的积极性,形成多元治理的格局。与此同时,考量各个方面的要求以促进资源的合理分配,达到以最少的公共资源获得最大效果的要求,并且运用信息技术打破"信息孤岛"的局面,实现信息由"分散"走向"整合"。

三、数字化治理理论

曼纽尔·卡斯特首先提出了"数字管理"的概念。《网络社会的崛起》一书认为资讯科技的产生以及资讯科技的全球化,为国家的公众行政提供了广阔的舞台和坚实的根基。数字化治理理论是治理理论的一种,通过重新整合、以需求为基础的整体主义和数字化变革来指导公共部门的改革,为公民提供更便利的公共产品与服务,为现代化治理提供基础保障。数字化治理的理念就是利用数字化技术推动政府部门、社会团体和企业的运作,实现公众与其他社会组织间信息资源的共享,以有效缩小政府与社会组织间的"信息差距",从而推动社会的现代化进程。

数字化治理理论是指利用信息技术和数字化手段来提升社会治理效能和优化公共服务的理论。它强调通过数字化技术和数据分析改善决策、提高管理效率及实现精细化、智能化的治理。数字化治理理论主要包含以下几个要点。

(1)数据驱动。数字化治理强调充分利用大数据、人工智能、物联网等技术,实时收集、整合和分析各类数据,从而更好地了解社会情况、问题和需求,为决策提供科学依据。

(2)智能化应用。数字化治理倡导通过智能化应用,如智慧城市、智能交通、智慧医疗等,提高公共服务的效率和质量。例如,利用人脸识别技术加强安全监控,利用大数据分析优化交通管控,利用远程医疗服务提供健康管理等。

(3)互联网参与。数字化治理鼓励利用互联网和社交媒体等渠道,实现政府、企业、社会组织和公民之间的互动和协作。通过在线平台、电子投票、网络问卷等方式,广泛征集民众意见,提高公共决策的透明度和公众参与度。

（4）隐私与安全。数字化治理要求在利用个人数据时,保障公民的隐私安全。政府和企业需要建立合规机制、加强数据保护措施,保护公民个人信息不被泄露和滥用。

（5）创新与开放。数字化治理鼓励创新思维和开放合作,倡导政府、企业、学术组织和其他民间组织之间的合作共享。通过推动科技创新、加强政策协同和资源整合,实现治理能力的提升和优势互补。

综上所述,数字化治理理论旨在利用先进的信息技术提升社会治理效能,实现精细化、智能化的治理。数字化治理对推动公共服务的创新和提升、促进社会发展和改善人民生活有重要意义。

四、法治化治理理论

法治化治理理论是指在社会治理中依法行政、依法管理和依法决策,以法律为基础和准绳,使社会运行更加有序、公正和可持续的理论。它强调以法律为核心来规范社会行为,确保各方按照规则行事,实现社会的稳定和进步。法治化治理理论主要包括以下几个要点。

（1）法律至上。法律是社会治理的基础,所有行政、经济和社会活动都应该在法律的框架下进行。法律的制定、执行和适用应当公正、透明,确保公民享有平等的法律权益。

（2）公正与公平。法治化治理强调公正、公平的原则,所有人都应当受到法律的保护,无论其社会地位、财富状况或政治背景如何。法律应该平衡各方利益,并为弱势群体提供特殊保护。

（3）限权与制衡。法治化治理注重权力的制约和平衡,防止滥用职权和权力过度集中。政府部门应当按照法律规定行事,受到相应的监督和问责,确保行政决策的合法性。

（4）参与合作。法治化治理强调社会各界参与决策和管理,形成多元共治的局面。政府、企业、社会组织和公民应当共同承担社会责任,通过合作与协商解决社会问题。

（5）规则与保障。法治化治理需要建立健全的法律体系和法治环境,提供有效的法律保障。同时,还需要完善相关制度和机制,加强法律教育和宣传,提高公民法律意识和素质。

综上所述,法治化治理理论是一种以法律为基础、以公正为原则、以权力制衡为手段的治理模式,旨在实现社会稳定、公平正义和可持续发展。这一理论对推动社会进步和保障人民权益有重要意义。

第三节　相关理论在渔业海洋垃圾治理研究中的应用

一、基于多主体协同治理理论应用分析

多主体协同治理理论在渔业海洋垃圾治理中有着广泛的应用。各研究学者对协同治理的概念界定不同,肖文涛和郑巧(2008)认为,协同治理是指政府、非政府组织、企业及公民个人以保护和促进公共利益为目标,彼此协调,共同发挥作用。田培杰(2014)将协同治理归纳为解决共同的社会问题而进行的政府和企业、社会组织和公民之间相互作用、进行决策和承担责任的过程。张贤明和田玉麒(2016)则认为协同治理即制定政策、构建良善关系和善治实现方式。各研究学者也将协同治理理论运用到渔业海洋垃圾治理中,施旭航等(2021)在船舶垃圾污染中将船岸协同作为研究对象,通过两者协同发现其中存在的问题,并提出优化完善港口接收设施、完善接收转运处置机制等对策建议;宋海燕(2022)通过探索协同治理在舟山市渔农村"湾滩(长)制"中的应用,基于协同治理理论对舟山市的实践进行研究,发现"湾滩(长)制"在近岸海域水质保护、海洋垃圾治理等方面都取得了显著成效;陈佩君(2021)运用协同治理理论结合福建省泉州市近岸海域海洋环境协同治理的典型案例分析,提出了福建省近岸海域海洋生态环境协同治理的对策;顾军正(2019)研究了养护型海洋牧场,指出中国养护型海洋牧场可持续发展必须做到目标协同、主体协同和地域协同,将协同治理理论运用到养护型海洋牧场经营发展之中。

搜寻中国知网可发现,学者们对多主体协同治理渔业海洋垃圾的研究,往往侧重于对渔业海洋垃圾的社会层面的研究。陈莉莉首次将渔业海洋垃圾作为一个独立名词进行专门性研究,提出构建长三角沿海区域渔业海洋垃圾整体性治理机制,即建立区域"联盟"机制、强化政府部门联动机制、深化公私部门合作机制。徐赢斌等(2021)分析了宁波市渔业海洋垃圾污染情况及治理现状,认为只有促进政府及其他主体协作,才能突破治理困境。姚源婷(2022)基于计划行为理论,采用二元逻辑回归对舟山市渔民参与渔业海洋垃圾治理意愿的影响因素进行研究。结合现有的研究成果,多主体协同治理理论在渔业海洋垃圾治理研究中的应用如图1-1所示。

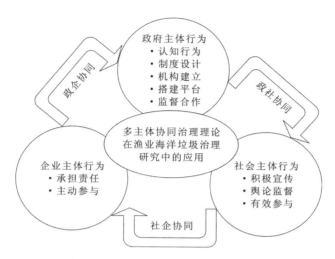

图 1-1 多主体协同治理理论在渔业海洋垃圾治理研究中的应用

二、基于整体性治理理论应用逻辑

整体性治理理论主要应用于海洋渔业、海洋垃圾治理及渔业海洋垃圾治理。

（1）在海洋渔业中的应用。王骁（2012）根据我国南海生物资源开发管理存在的"碎片化""棘手性""跨界性"等典型问题和特征，选择以整体性治理理论为研究视角，阐释了我国南海生物资源开发管理面临的困境和解决问题的途径，为海洋区域开发管理的研究提供一种新的"治理"视角。林一伦（2021）针对珠海市桂山岛海洋渔业资源管理现状进行了系统性分析，结合整体性治理等理论进行剖析，发现渔业捕捞管理制度、行政执法能力及群众意识等存在问题，进而为海洋渔业资源管理提出相应建议。

（2）在海洋垃圾治理中的应用。古小东等（2023）提出我国海洋垃圾治理存在治理体系碎片化、治理主体协同度不高、治理制度的执行力和约束力有待提升等问题，结合我国实际并借鉴美国海洋垃圾治理的立法经验，建议实施整体性和系统性的海洋垃圾治理，强化治理主体的多元协同，提升社会公众的参与度，优化我国海洋垃圾治理制度，构建海洋垃圾治理的常态长效机制。

（3）在渔业海洋垃圾治理中的应用。陈莉莉等（2023）针对长三角沿海区域的渔业海洋垃圾治理进行整体性治理的嵌套，同时通过实地调查访谈，提出构建长三角沿海区域渔业海洋垃圾长效整体性治理机制，即建立长三角渔业海洋垃圾治理区域"联盟"机制、强化沿海区域政府部门联动机制、深化公私部门合作机制。归纳来看，整体性治理理论在渔业海洋垃圾治理研究中的应用如图 1-2 所示。

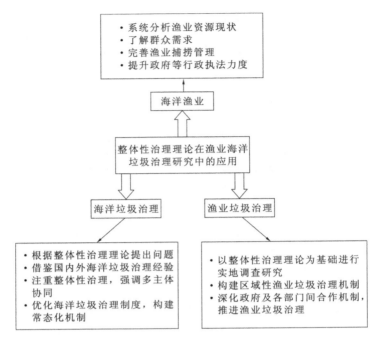

图 1-2 整体性治理理论在渔业海洋垃圾治理研究中的应用

三、基于数字化治理理论分析框架

复旦大学教授竺乾威在其 2008 年出版的著作《公共行政理论》中系统介绍了英国学者帕特里克·邓利维(Patrick Dunleavy)关于数字化治理理论的观点,可以被视为国内研究数字化治理的起点。中国信息通信研究院指出数字化治理是数字经济大发展趋势下的衍生品,数字化治理被视作数字经济的重要组成部分,是数字经济时代针对生产关系领域的重要理论,数字化治理包括但不限于"多元治理、以'数字技术+治理'为典型特征的技管结合及数字化公共服务等"。复旦大学教授蔡翠红认为数字化治理的内容可以划分为两大部分:第一部分是"基于数字化的治理",即数字化被当作工具或者手段应用于现有的治理体系中,帮助政府提升效率;第二部分是"对数字化的治理",即针对数字世界的各种复杂问题的管理,这对于人类来说是一个全新的管理领域,需要创新管制方式。蔡翠红虽未指出数字治理是数字经济的衍生品,但也同样肯定数字技术对经济等领域的渗透,致使这一种全新治理模式的出现。

总而言之,数字化治理是一种基于数字技术发展和广泛应用产生的,对数字经济领域的影响十分显著,对数字经济发展起到重要作用的新型治理模式。数字化治理不仅包括使用数字技术进行治理,也包括对数字化时代下数字化生态的治理。数字化治理正在我国治理领域蓬勃发展,2021 年我国各省市出台了合计 216 项数字经济政策,其中 89 项为数字化治理政策。但是我国数字化治理的主要成就集中于数字政府建设和新型智慧城市建设,借用数字化技术,通过数字化治理帮助并优化海洋垃圾治理的具体研究几乎空缺。归纳来看,结合目前数字化治理的相关成果,数字化治理理论在渔业海洋垃圾治理研究中的应用如图 1-3 所示。

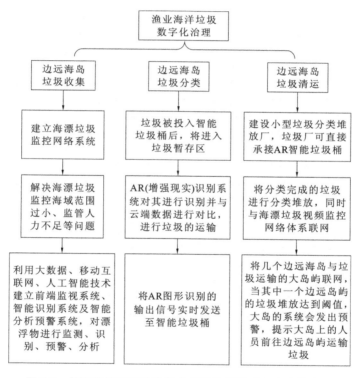

图 1-3 数字化治理理论在渔业海洋垃圾治理研究中的应用

四、基于法治化理论定位与基本框架

在中国知网搜索"法治化海洋垃圾""法治化渔业垃圾""法治化海洋渔业"等关键词,发现有关文献较少,且缺乏系统的研究。与其他理论相比,法治化治理理论在渔业海洋垃圾治理中的应用研究多零散地分布在有关环境治理的整体文献中,缺乏针对性。从检索到的几篇相关文献中可以了解到,虽然我国在有关渔业垃圾法治化方面起步较晚,但目前已在多个领域进行了探索,处于法治化建设的初步阶段。陈莉莉和王识涵(2023)在《长三角沿海区域海洋渔业垃圾治理法治化困境及其破解路径》中,针对长三角沿海区域海洋渔业垃圾法治化在立法、执法、司法、守法等实践中遇到的难点给出专门的解决措施和破局方案。张颖和刘斌(2018)在《海洋环境污染治理的法治化路径——以激励规则创建为原点》中指出目前海洋环境保护的司法现状,从法律的依据、司法机构的设置和专业度、维权方式、激励方式等方面详细阐明目前司法大环境与机制存在的问题,并针对出台海洋环境污染治理法律共同体提出意见与建议。曲亚囡和李雪妍(2020)在《南海海洋生态环境协同治理的法治化路径研究》中指出在海洋生态逐渐恶化的当下,生态治理存在下位法和上位法补充不到位,法规与现状不匹配,治理体系不完善、不健全等问题。李秀华(2020)在《海洋污染区域治理的国际法机制研究》中指出海洋环境区域治理的核心要义在于海洋区域环境的整体治理,强调基于生态环境的整体性开展区域内各层次的通力合作。我国应在信息共享、国际立法与国内立法的协调、区域内监督等方面与其他国家或地区开展合作,最终形成系统整体的区域合作制度,为治理海洋污染提供法治保障。杨帆(2019)在《新时代背景下我国海洋污染防范治理策略探究》中阐明了我国海洋污染的防治策略,在新时代背景之下,应加大力度进行海洋环境保护的法治建设。规范养殖捕捞业的管理,做到规范化和环保可持续。强化海洋生态的监测体系,并提高公众对海洋生态环境治理的参与度和重视程度。施瑶(2013)在《公众参与海洋环境污染防治的法律机制研究》中指出了社会大众的参与在海洋保护过程中的必要性和完善公众参与制度途径的重要性。结合目前法治化治理在环境治理方面相关成果,归纳来看,法治化治理理论在渔业海洋垃圾治理研究中的应用如图1-4所示。

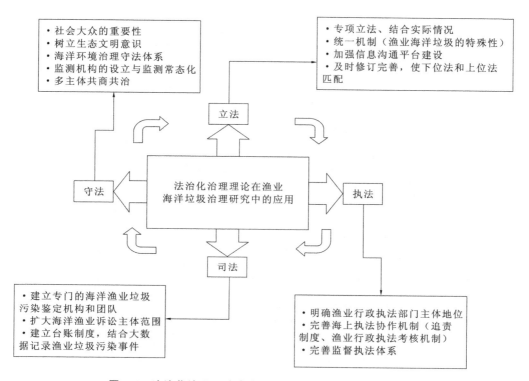

图 1-4 法治化治理理论在渔业海洋垃圾治理研究中的应用

第二章 长三角沿海区域渔业海洋垃圾污染的现状

目前,国内外针对渔业海洋垃圾的研究,主要聚焦在废弃渔具垃圾(ALD-FG)方面,涉及的调查方法主要有问卷调查、经济统计模型和实地考察等,即通过问卷调查评估废弃渔具垃圾的数量及对渔业和生态的影响,或者通过经济统计模型等分析废弃渔具垃圾清除后的生态及经济效益,还有通过侧扫声呐、潜水员水下探查及拖锚等多种形式研究或清除废弃渔具垃圾。2019年,为更好地估计渔业部门造成的海洋垃圾量,联合国粮食及农业组织和国际海事组织(IMO)成立工作组,了解海洋垃圾中的塑料垃圾数量及其相对比例,尤其是航运和捕捞部门产生的海洋塑料垃圾,并通过一次全球评估量化了全球废弃渔具的数量和分布情况。

当前,国内外对废弃渔具之外的渔业海洋垃圾的研究寥寥无几。研究资料显示,渔业相关的海洋垃圾除了废弃渔具之外,还包括伴随渔业生产产生的废弃渔获物和饵料包装等垃圾。渔业在国内外的生产作业形式复杂多样,从业人员包含专业、兼业及临时从业人员等类型,经营方式包括公司集体经营和个体户经营等。渔业状况的复杂性使得作为研究基底的相关数据及信息收集较为困难,也给渔业垃圾的准确评估带来极大挑战。

依据生命周期理论,可大致将渔业海洋垃圾划分为源头产生阶段与末端排放阶段。一方面,渔业海洋垃圾研究可从源头入手,结合相关经济统计数据和调查信息,对渔具等潜在的渔业海洋垃圾产生量进行评估。与此相关的基底数据可根据其与潜在渔业垃圾量的关联性分为直接数据与间接数据:直接数据既包括渔具、非渔具物资和渔获物等的数据,也包括渔业生产生活物资的直接消耗量、河流垃圾量等潜在渔业海洋垃圾的数据;间接数据则主要为渔业经济统计数据等。可以通过直接数据与间接数据的相关性进一步研究渔业海洋垃圾,例如通过收集《中国渔业统计年鉴》中各鱼类的不同养殖方式及养殖产量,进行进一步调查研究,推算出不同养殖方式所需的网箱和网篓等渔具及物资使用量。另一方面,渔业海洋垃圾研究可以从末端入手,根据进入海洋环境及从海洋环境中回收处置的渔业海洋垃圾数据及相关信息进行监测、调查和评估,掌握渔业海洋垃圾的具体情况,从而为长期治理措施的方案制订及成效评估提供相应的基础资料。

第一节　上海市渔业海洋垃圾污染现状

为深入了解上海渔业海洋垃圾的生命周期,对上海市渔业海洋垃圾做简易物质流归纳,如图 2-1 所示。

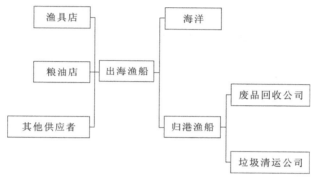

图 2-1　上海市渔业海洋垃圾简易物质流归纳图

从简易物质流归纳图来看,大部分出海渔船出于经济成本等因素考虑,会将大部分非生物物质且不具有显著回收价值的垃圾丢弃于海洋中。因此,一般认为如方便面等食品的一次性塑料包装是渔船出海产生的主要垃圾类型。但通过对上海市渔业海洋垃圾的分析,可发现在所有渔业海洋垃圾中,泡沫制品及其碎块为最主要的渔业海洋垃圾类型,在渔业海洋垃圾中占比在 90% 以上。泡沫制品并非完全由渔业产生,在实际调查中,采集到的泡沫垃圾大多为聚苯乙烯泡沫塑料碎块。

从渔业海洋垃圾种类、数量结构的历年变化趋势来看,塑料浮标、鱼篓、鱼罐类的垃圾占比从 2015—2016 年到 2017—2019 年有了较大幅度的下降,其余类型垃圾历年变化幅度不大,未见明显的上升或下降趋势。从各个不同的监测点位来看,渔业海洋垃圾数量和质量历年占比最高的均是上海三甲港监测点;结合各监测点的地理区位及海岸结构来看,5 个监测点均属于人工海岸,海岸均被人工修建为防浪堤的结构,近岸端均为水泥凹槽,是垃圾富集区域之一,而泡沫类的渔业海洋垃圾由于质量极轻,更加容易被海水或风带上海岸,一旦进入凹槽区,则容易滞留于此。

上海仁渡海洋公益发展中心的"守护海岸线"活动对 2015—2019 年在上海进行的海岸垃圾监测数据的统计结果显示,在历年数量平均值上渔业海洋垃圾约占总海岸垃圾的 44.35%,在历年质量平均值上占 16.31%。垃圾类型主要为泡沫制品及其碎块、渔网、渔线、缆绳、浮标等,如图 2-2 所示。

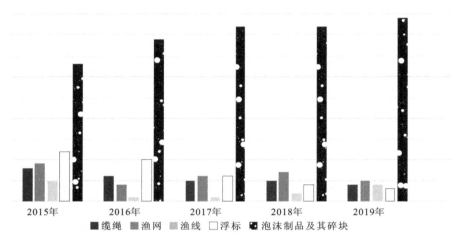

2015年　2016年　2017年　2018年　2019年

■ 缆绳　■ 渔网　■ 渔线　□ 浮标　■ 泡沫制品及其碎块

图 2-2　2015—2019 年上海监测点渔业海洋垃圾数量结构

根据 2015—2019 年上海各监测点统计数据(图 2-3、图 2-4),渔业海洋垃圾数量在总海岸垃圾中的占比在 23.75%～62.01%,质量占比在 7.3%～19.18%。

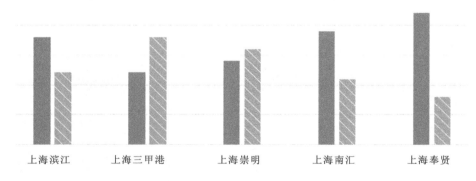

上海滨江　上海三甲港　上海崇明　上海南汇　上海奉贤

■ 其他　◨ 渔业相关

图 2-3　2015—2019 年上海监测点渔业海洋垃圾平均数量结构

通过图 2-5、图 2-6 可看出,各监测点的不同种类渔业海洋垃圾中,泡沫制品及其碎块无论在数量上还是质量上均占据绝对优势。

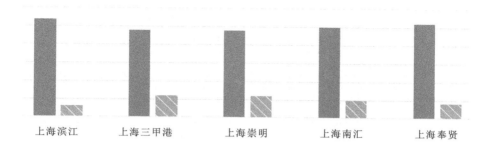

■ 其他 ▨ 渔业相关

图 2-4　2015—2019 年上海监测点渔业海洋垃圾平均质量结构

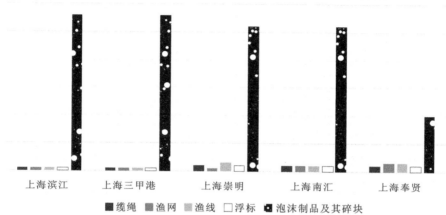

■ 缆绳　■ 渔网　■ 渔线　□ 浮标　■ 泡沫制品及其碎块

图 2-5　2015—2019 年上海监测点不同种类渔业海洋垃圾平均数量结构

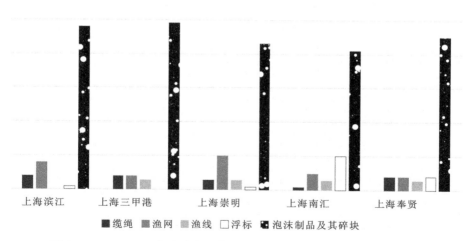

■ 缆绳　■ 渔网　■ 渔线　□ 浮标　■ 泡沫制品及其碎块

图 2-6　2015—2019 年上海监测点不同种类渔业海洋垃圾平均质量结构

第二节　浙江省渔业海洋垃圾污染现状

　　浙江省东临东海，北接上海、江苏，位于东南沿海和长江三角洲南翼，海洋为浙江省的发展带来了巨大的助力和区位优势，2021年浙江省渔业总产值为1188.32亿元，占浙江省农业总产值的38%，在浙江省海洋经济快速发展的同时，浙江省海洋生态问题逐渐凸显。尤其是随着浙江省渔业产业的不断发展，浙江省渔业海洋垃圾数量不断增加。这些不断累积的渔业海洋垃圾，对浙江省的近岸海域水质造成了极大的破坏。

　　根据浙江省生态环境厅对2017—2022年浙江省近岸海域环境水质的调查（图2-7），可以发现近年来浙江省近岸海域一、二类水质占比越来越高，从2017年的32.1%增长至2022年的54.9%，说明浙江省近岸海域水质得到不断改善，这离不开浙江省政府对近岸水域的治理。但是在2019年，浙江省近岸海域四类和劣四类水质占比不降反增，2019年浙江省近岸海域四类和劣四类水质占比达56.7%，较2018年增长了13.9%，这说明浙江省近岸海域水质仍需不断改善。而近岸海域的污染物包括工业废水、生活垃圾及渔船垃圾，其中海漂垃圾、海滩垃圾和海底垃圾的主要种类均为塑料，由此可见，治理渔业海洋垃圾对改善海洋生态环境至关重要。

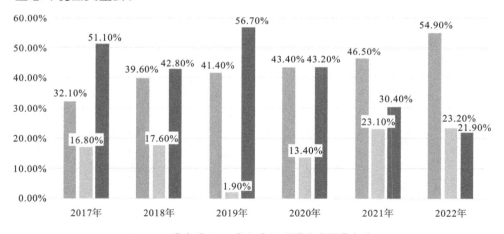

图2-7　2017—2022年浙江省近岸海域各类水质占海水面积百分比

　　浙江省舟山市东临东海、西靠杭州湾，是长江流域和长江三角洲对外开放的海上门户和通道，属亚热带季风气候，年平均温度在16℃左右，非常适宜鱼类洄游、繁殖、索饵和越冬。正是这优越的气候环境造就了中国最大的渔场——舟山渔场。舟山渔场是我国重要的渔场，这里水质肥沃，渔业资源丰富。东海不仅出产著名的"四大海产"，还盛产鲳鱼、梭子蟹、马鲛鱼、鲈鱼、鳗鱼等名贵海产品，堪称中国最大的"海上鱼仓"。在 20 世纪五六十年代，"四大海产"一直都是舟山渔场的头号"招牌"，渔民轻轻松松就能有可观的渔获，消费者们也非常买账。1957年，东海小黄鱼的捕捞产量创下新纪录，达到 2.9 万吨；大黄鱼的历史最高捕捞产量是10.16万吨，这一纪录于 1967 年创下。1974 年，东海带鱼的捕捞产量一举冲到了 21.44 万吨，创下了历史新高。乌贼的最高产量达 2.9 万吨，该纪录于1980 年创下。然而，以上这些成绩都属于曾经的舟山渔场，如今的舟山渔场只能用"惨淡"来形容。"四大海产"在回馈了东海渔民 50 多年后，产量逐年下滑，最终还是不可避免地走向了"衰退"。从当地渔民的反映来看，在 2010 年前后，东海的近海渔场就已经陷入了"无鱼可捕"的尴尬局面。并且在大肆出海捕捞蟹、鱼、虾和贝的过程中，由于东海的鱼虾属于非排他、非竞争性的公共物品，渔民对东海海洋生态环境并没有太强的保护意识，不仅将生活垃圾随意丢弃，更是将原来的绳类渔网更换为更纤细、更轻薄、更大、更便宜的聚苯乙烯塑料材质的渔网，这种材质的渔网极易损坏，如果在使用过程中出现破损，渔民出于经济方面的考虑，往往会直接将其丢弃到大海中，因为将其带回的成本远高于购买一个新的渔网，这就造成了大量的塑料渔具被丢弃在大海之中，形成了渔业海洋垃圾。这些被丢弃的废弃渔具互相缠绕，在海底形成了鱼类的"死亡区域"，鱼类一旦闯入其中，便会被缠绕致死，并且渔民在海上丢弃的其他塑料制品如食品包装、塑料袋和塑料瓶等，会在海面或海底堆积，进而遮挡海底的阳光，影响海底生态环境。2022 年浙江省舟山渔场塑料垃圾的分类和数量占比见表 2-1。

表 2-1　2022 年浙江省舟山渔场地区塑料垃圾的分类和数量占比

类别	质量（千克）	占比（%）
渔线	337.98	5.6
渔网	1773.21	29.38
蟹笼	634.93	10.52
其他渔具	637.34	10.56
塑料瓶	161.75	2.68
塑料袋	878.76	14.56
硬质塑料	1243.9	20.61
食品包装	208.22	3.45
其他生活塑料垃圾	159.33	2.64

根据 2022 年对浙江省舟山渔场地区塑料垃圾类型和数量的调查,可以发现废弃渔具类塑料垃圾占地区总塑料垃圾的比例为 56.06%,但是,当前全球废弃渔具垃圾占全球海洋塑料垃圾的比例仅为 10%。说明当前浙江省对渔民所用渔具的监管还不够严格,尤其要加大对流刺网、底拖网和蟹流网等一次性渔具的预防和监管。弃置渔具不仅是东海之痛,也是全球之痛。渔业海洋垃圾不仅破坏了海洋生态系统的平衡,对海洋生物的生存和繁殖造成了影响,也对人类身体健康构成了严重威胁。每年约有高达 64 万吨的废弃渔网被弃置在大海中,这些废弃的塑料渔网被称为"幽灵渔网",它们会继续捕获和杀死海洋生物。对于海洋中的弃置渔具,目前国际上并没有太好的解决方法,但是随着人们环保意识的提高和对环保产品的支持,或许循环利用将是治理渔业海洋垃圾的很好路径。

第三节　江苏省渔业海洋垃圾污染现状

根据江苏省生态环境厅官网汇总的 2018 年度和 2019 年度的生态环境状况公报,整理了其中环境质量篇海洋环境章节中专门针对海洋垃圾的相关内容,见表 2-2、表 2-3。

表 2-2　2018 年江苏省海洋垃圾监测情况

监测海域	南通市如东县洋口闸西海域、盐城市海水养殖示范园区外海域、连云港市连岛东海域
监测海滩	赣榆石桥镇大沙村沿海沙滩
海面、海滩垃圾	木制品、塑料、竹制品、钢制品、聚苯乙烯泡沫塑料、浮球等
海底垃圾	塑料制品(密度较高区域主要为滨海休闲娱乐区、农渔业区、港口航运区及临近海域)

表 2-3　2019 年江苏省海洋垃圾监测情况

监测海域(与 2018 年垃圾密度相比)	南通市如东县洋口闸西海域(↑)、盐城市海水养殖示范园区外海域、连云港市连岛东海域(↓)
监测海滩(与 2018 年垃圾密度相比)	南通市如东县洋口闸西海滩(↑)、盐城市月亮湾海滩、连云港市连岛海滨浴场海滩
海漂垃圾	塑料、聚苯乙烯泡沫塑料、木制品、橡胶、织物、纸制品、陶瓷等(多数来自陆地,小部分来自海上活动)
海滩垃圾	塑料、木制品、聚苯乙烯泡沫塑料、玻璃、织物、橡胶等(主要来源于陆地)

注:"↑""↓"表示与上一年的垃圾密度进行对比的升降情况。

从表 2-2 和表 2-3 可以看出,由于监测范围不同,监测得到的垃圾种类也有所差别,因此渔业海洋垃圾的分布存在地域性差别。结合表 2-2 可以得出,有着较高海底垃圾密度的区域包括农渔业区和港口航运区,在这些区域中所产生的渔业海洋垃圾是人们在进行养殖业、捕捞业和渔船航行作业等活动时产生的。

另外,虽然表 2-3 中没有明确给出相关的数据,但是标明了与上一年的垃圾密度进行对比的升降情况。可以发现,海洋垃圾的密度变化幅度增大,且存在着不同海域内升降不一的情况,再加上海洋垃圾会受洋流、海岸结构、垃圾特性和人工干预等的影响,因此在进行有关历年数据的分析时不仅要关注数值上的变化,还要关注多因素的综合作用。

在中华人民共和国生态环境部官网中搜索得到历年的《中国海洋生态环境状况公报》。根据 2021 年和 2022 年海洋公报,对海洋环境质量中海洋垃圾的数据进行整理可知,2021 年江苏省选择南通市如东县洋口闸东海域、盐城市射阳县海水养殖示范园区外海域、连云港市连岛东海域作为海面漂浮垃圾监测区域,选择南通市如东县洋口闸东海滩、盐城市滨海县月亮湾海滩、连云港市赣榆区石桥镇大沙村海滩作为海滩垃圾监测区域。监测区域内海面漂浮垃圾主要为塑料、泡沫制品、纸制品、木制品、玻璃制品等。监测区域内海滩垃圾主要为塑料、木制品、聚苯乙烯泡沫塑料、玻璃、织物及橡胶等。海洋垃圾密度较高区域主要分布在滨海旅游休闲娱乐区、农渔业区、港口航运区及邻近海域。2022 年,江苏省新增连云港市连岛东海域海滩作为海滩垃圾监测区域。

结合江苏省 2021 年和 2022 年的海洋垃圾分布图,发现海滩垃圾始终占据极大比重,在《中国海洋生态环境状态公报》中,无论是海漂垃圾还是海滩垃圾、海底垃圾,塑料类在其中都占据着较大比重。漂浮垃圾的塑料类垃圾主要为泡沫、塑料绳、塑料瓶等,海滩垃圾的塑料类垃圾主要为香烟过滤嘴、瓶盖和塑料袋等,海底垃圾的塑料类垃圾主要为塑料绳和包装袋等。

综上所述,塑料垃圾不仅是海洋垃圾的主要类型,也是在渔业垃圾中占比最大的部分。聚苯乙烯塑料泡沫是海滩垃圾和海漂垃圾的主要成分,在渔业活动中,这类泡沫多作为浮标。另一占比较大的垃圾是泡沫塑料类制品,被广泛用于水产养殖业和捕鱼业,加上人类活动需要,塑料制品在渔业及生活中必不可少,人们对塑料类制品的使用频率极高,使其成为渔业海洋垃圾的重要组成部分。由于材质本身的特殊性,塑料类制品在自然环境的作用下容易分解成泡沫碎块甚至是微塑料,对海洋生态环境乃至全球生态系统的破坏力极大。

第三章　长三角沿海区域渔业海洋垃圾治理的发展历程

渔业海洋垃圾是一个全球性的问题,联合国环境规划署的报告显示,近年来海洋塑料污染日趋严重,预计到2030年,海洋相关污染将增加1倍左右,无法完全降解的塑料垃圾将以微塑料的方式进入海洋生物的体内,遗弃的渔网和渔线还会缠到海洋生物的身上或者进入海洋生物的体内,缠绕海洋生物或造成其窒息而亡。渔业海洋垃圾的不断排放,最终将影响人类自身的安全,因此渔业海洋垃圾治理迫在眉睫。本章通过对国内外和长三角沿海区域渔业海洋垃圾治理进程的研究归纳,认为渔业海洋垃圾治理的历程大体可以分为三个阶段,分别是萌芽期、发展期和成熟期。

(1)1972—1982年为渔业海洋垃圾治理的萌芽期。这一时期人们将海洋中的污染物统称为海洋垃圾,人们的观念刚刚从"海洋能够无限净化"转变成"保护海洋就是保护人类自己"。第一次国际环保大会在瑞典斯德哥尔摩召开,此次会议是人类环境保护史上第一座里程碑,此后各个国家开始召开会议讨论海洋垃圾的治理,环保组织如雨后春笋般出现。但在萌芽期有关渔业海洋垃圾治理的国际公约少之又少,仅在环境保护中有所提及,并且由于"公海悲剧",各个国家都倾向于"自扫门前雪",对于海域交界处及公海上污染物的治理并没有太大的关注,这些因素导致早期的海洋治理仅侧重于减少排污,而不是主动去治理。

(2)1983—2012年为渔业海洋垃圾治理的发展期。在此时期有关海洋垃圾治理的国际公约不断出现,人们的观念开始从保护海洋向治理海洋转变,国家之间开始合作治理海洋生态环境,开启了"国际治理"的阶段。此时期,中国将保护环境作为一项基本国策加入海洋环境治理的队伍,并且相继通过各种条例和法律告诫人们要保护海洋生态环境,如《中华人民共和国渔业法》等。

(3)2013年至今为渔业海洋垃圾治理的成熟期。在此时期,全球渔业海洋垃圾治理开始呈现国际化和多元化的趋势,渔业海洋垃圾的治理实现了从"国际治理"到"全球治理"的转变。越来越多的国家开始加强与其他国家的合作,共同治理渔业海洋垃圾,全球海洋治理制度逐渐形成。2019 年,习近平主席提出了"海洋命运共同体"这一重要理念,既表明了中国坚定不移走和平发展道路的立场,又显示了中国愿与各国共同维护和平安宁的担当,海洋命运共同体的建设既是历史所趋,又是人心所向。我们应当清醒地认识到,人类活动和过度开采所导致的资源枯竭和海洋生态的失衡,影响着人类自身的生存和发展,因此保护海洋生态环境刻不容缓。

第一节 渔业海洋垃圾治理的萌芽期

一、国外渔业海洋垃圾治理萌芽期总体状况

20 世纪 70 年代,人们将破坏海洋生态的行为称为海洋环境污染,在联合国第三次海洋法会议中商讨并通过了《联合国海洋法公约》,该公约中有关海洋污染的定义为:海洋环境污染,是指人类直接或间接地对生物资源及海洋生物造成危害,对人类健康造成危害,对渔业及其他正常利用海洋活动造成障碍及有关利用海水的水质恶化和减少舒适环境等有害结果,或者将具有可能造成上述结果的物质或者能源带进海洋环境。这一关于海洋环境污染的定义和联合国秘书长1971 年报告书中的定义基本相同,并且这一定义被 1972 年召开的斯德哥尔摩人类环境会议所借鉴,成为《斯德哥尔摩人类环境会议宣言》中的一条重要原则,后来也被若干关于海洋污染的国际条约采用,从而被应用于更广阔的领域。自斯德哥尔摩人类环境会议之后,海洋污染问题就被视为环境问题中的重要部分,人们开始重新审视海洋环境问题。

如何对海洋污染进行有效治理是当代国际社会棘手的课题。海洋污染被称作全球性问题,无论是发达国家还是发展中国家,其生产和消费无不与海洋污染息息相关。正因为如此,每个国家都需要为海洋环境污染负责,并为渔业海洋垃圾的治理贡献出自己的一份力量。海洋污染不仅是海洋存在的污染现象,更是由经济、技术、政治和法律互相融合而成的一个复杂现象。这充分体现出污染源具有多样性,污染源大体可以划分为以下四种。

(1)沿岸人民的生活垃圾,这种垃圾是海洋环境污染的重要来源,如塑料袋、污水和餐饮垃圾等。这些源于陆地的污染物,有的直接排入大海,有的则顺着河流汇入大海。

(2)航行当中的船舶所排放的生产、生活垃圾,这种垃圾是渔业海洋垃圾的

主要构成,如航行过程中排放的废弃油料、污水、餐饮残渣和破旧的渔具等,往往会对海洋生物的生存环境造成巨大的破坏。

(3)科学探索过程中,勘探、开发大陆架和海底矿物资源造成的污染。

(4)煤气等大气污染、核电站的排放与海洋军事利用等造成的污染,例如2023年日本将福岛核污染水排入海洋。

可以看出海洋环境的污染与各类污染源密不可分,对海洋污染限制仅作一般性规定显然效果不明显,因此联合国对海洋污染单独订有条约并作出了具体限制,尤其在第二次世界大战以后的海洋法中,有关海洋污染的条约较多。

在20世纪,人们认为海洋能够无限地自我净化。因此,人们肆无忌惮地将废弃物、生产和生活污水排入大海,但很快就意识到"污染"已经损害了海洋稳定的环境,给人类公共卫生带来了巨大的危害,人类生存环境受到了严重威胁。在传统公海自由原则和领土主权法制之下,想要有效地预防海洋污染几乎无法实现,于是国际合作成了必然。换言之,预防海洋污染既要求自觉而有组织的国际性体制的形成,又要求普遍性立法条约的形成。因而在斯德哥尔摩人类环境会议和随后召开的联合国环境计划会议中,人们将海洋污染问题列为人类环境问题综合提案中的一部分;在第三次联合国海洋法会议上,更加有意识地将预防海洋污染纳入普遍性的国际法规之中。详见表3-1。

表 3-1　早期有关海洋环境污染的国际条约

年份	条约	内容
1972 年	《斯德哥尔摩人类环境会议宣言》	阐明了与各国和国际组织所取得的七点共同看法和二十六项原则,以鼓励和指导世界各国人民保护和改善人类环境
1972 年	《防止倾倒废物和其他物质污染海洋的公约》	对向海洋进行倾倒的废弃物进行定义
1973 年	《国际防止船舶造成污染公约》	向船舶发放证书,提高船舶的安全性
1973 年	《干预公海非油类物质污染议定书》	对非油类污染做出定义
1974 年	《防止陆源物质污染海洋公约》	列出一批污染海洋环境的物质
1976 年	《关于油污染损害民事责任国际公约的协定》	为处理海上事故引起油类污染的责任和赔偿问题而制定
1976 年	《关于设置油污染损害补偿的国际基金公约的议定书》	保证向油污损害受害人提供其全部损失的赔偿,同时解除船舶所有人的额外经济负担
1978 年	《关于防止船舶造成海洋污染条约的议定书》	针对海上船舶因例行作业产生的故意性油类物质污染行为作出相关规定

1970 年以来,人们在生活和生产中产生的大量塑料垃圾有很大一部分进入了海洋。从污染源所占比例来看,海洋塑料垃圾中 90% 以上是由海上船舶倾倒产生的。1975 年美国国家科学院的一项调查显示,当时全球在海洋上航行的船舶,每天都会产生大量的渔业海洋垃圾,而这些垃圾大部分都被直接排入大海之中。从这些被排放的渔业海洋垃圾的构成来看,塑料垃圾虽然仅占其中的一小部分,但是其所形成的遮盖面却非常大,严重影响了海底植物的光合作用。1975 年,美国海岸警卫队通过搜集发现,全球在海上活动的船只每天都要向大海中倾倒大量的塑料垃圾。虽然这些塑料垃圾仅占海洋垃圾总量的 0.5%,但积累下来就成为一个严重问题。20 世纪 90 年代,美国国家科学院的研究进一步表明,世界上的海上商业船舶每日产生塑料包装垃圾 45 万磅[①],年排入海洋中的塑料包装垃圾有 5200 万磅,废弃塑料渔网 2.9 亿磅。除了海上商业船舶将垃圾排放于海洋外,在近海区域的娱乐游艇游玩及在海滩上休闲的人们也有意或无意地将一部分塑料垃圾排入大海。概括地讲,塑料垃圾对本来就很脆弱的海洋生态环境造成了较为长久的破坏。治理渔业海洋垃圾已经成为人类与海洋可持续发展所面临的一大难题,加强对全球海洋塑料垃圾的处理迫在眉睫。

水体中垃圾污染不仅是我国的难题,更是全球的难题。越来越多的人开始向全世界呼吁保护海洋生态环境,1967 年美国环保协会成立,在成立之初便有大量的环保人士加入其中,共同致力于保护陆地和海洋生态环境,环境保护的呼声越来越高,这些呼声让美国政府意识到人们对高质量环境的需求,意识到保护环境的重要性。20 世纪 70 年代,生物学家们开始关注海洋的整体性,认识到海洋生态环境的保护是一个整体性的问题。海洋生态恶化造成的极端天气和经济利益受损,使人们渐渐地意识到海洋并不可以被无限开发,过度的开发不仅会对自然造成破坏,还会反噬人类自身。人们逐渐达成"开采海洋首先要保护海洋"的共识,这使当时各项海洋保护政策都具备了成功实施的条件。在此期间,美国初步形成了海洋环境保护方面的法律体系,世界上其他国家也在此基础上,根据本国实际情况进行法律的实践、修改和补充。

二、中国渔业海洋垃圾治理萌芽期总体状况

中国渔业历史悠久,陆上渔业养殖可以追溯到商朝,海上捕鱼则是在周朝开始的,当时的人们主要靠采集植物、打猎及捕鱼维持生计,鱼类和贝类等水产品为其生存的重要食物来源。伴随着农业与畜牧业的产生与发展,渔业所占社会

---

① 1 磅约为 0.45 千克。

经济的比重逐步下降,但在我国江河湖泊流域及沿海地区,渔业一直占据着重要位置,伴随着社会发展,渔业生产工具、技术和手段都在不断改进。与此同时人们给海洋带来的破坏也在不断增加,尤其是渔业海洋垃圾的增多,给海洋生态造成了巨大的威胁。

弃置的渔业海洋垃圾常处于半浮或不稳的沉底状,形成"幽灵渔具",卡住海洋动物的食道和胃,划破海洋动物的器官,将其杀死。一些渔业海洋垃圾还会困住海洋生物,遮挡海底植物,毁坏珊瑚礁,致使漂亮的珊瑚变白和死亡,造成商业鱼类的流失和濒危动物物种数量减少。更为严重的是,如果这类垃圾缠绕在船舶推进装置上,会使渔船丧失动力。特别是当风高浪急时,船舶易发生不同程度的翻沉事故,直接危害人们的生命财产安全。

中华人民共和国成立后至改革开放前,我国的环境保护观念由"水土保持""绿化祖国""环境卫生"向"环境保护"转变。这一变化的实质是由对中国工业污染问题认识不清向正视并积极处理环境污染问题、由重视个别领域的环境问题处理向有计划地认识并处理环境污染问题转变。但在此期间中国忽视了海洋环境的管理和保护问题,所以有关海洋环境保护方面的法律法规有所欠缺。尽管中国已加入了许多相关的国际公约,但是其中大部分条款较多涉及海洋主权问题,较少涉及海洋环境问题。

直到中国代表团 1972 年出席首届联合国人类环境会议后,环境污染治理问题才开始被重视。国务院环境保护领导小组于 1974 年成立,其任务是对全国各环保部门制定的具体计划和环境保护政策及路线进行统筹规划。1974 年中国出台了《中华人民共和国防止沿海水域污染暂行规定》,表明中国海洋环境保护法治建设步入了初步摸索阶段,这一阶段中国陆续出台有关海洋的法律法规。直到 1978 年第五届全国人民代表大会批准《中华人民共和国宪法》(以下简称《宪法》)时,中国对环境保护才做了明确的规定,即国家要担负起保护环境与自然资源的责任。1982 年《中华人民共和国海洋环境保护法》(以下简称《海洋环境保护法》)的颁布,使我国立法范围开始向海洋环境保护扩展,对海洋环境的保护迈上新台阶。政策起步阶段能展现出我国海洋环境保护及其他相关领域已取得较大进展,但从总体来看,海洋环境保护与污染治理工作开展过程还较为迟缓。尽管有很多环境治理工作政策性文件出台,但都没有细致性地对工作内容加以划分,多数政策文件还是偏纲领性,只给出一个粗略的计划,实践性不强。这一时期环境治理的主体为政府,而政府又是政策制定和实施的唯一主体,其范围相对狭窄,多集中于眼前污染的控制上,源头防控力度小。这一时期仅仅是海洋渔业废弃物处理政策的初步探索期,相关成熟有效的政策还有待进一步探索和完善。

三、长三角沿海区域渔业海洋垃圾治理萌芽期总体状况

长三角地区在我国经济发展方面有着举足轻重的地位,就城市地理概念而言,长三角地区湖泊密布,水网密集,水资源极其丰富。丰沛的水资源为长三角地区的经济、社会发展做出了巨大贡献,但其也受到了异常严重的污染,早期长三角地区水污染主要源自生活污水、工业废水、工业废弃物和化肥农药的排放。研究表明,长江三角洲除了长江和钱塘江干流水质维持较好以外,其他中小河道水质污染较严重。长三角地区水体污染以水体黑臭、富营养化为主。

中华人民共和国成立以后,不仅需要进行生态环境的恢复,而且需要解决传统环境问题和经济发展带来的新的环境问题。这一时期,我国对如何处理环境保护与发展的关系进行了初步探索,标志着我国进入了环境保护事业的起步期。该时期我国海洋治理观是随着我国经济建设的各个阶段发展起来的,不断根据实践调整治海理论,我国的海洋治理观也是在对一系列环境问题进行回应与治理的过程中逐渐发展起来的。但在 1972 年以前,我国还没有环境保护的专门机构或法规,环境保护的某些基本职责都由原卫生部等有关管理部门承担,原林业部的有关规定包含部分环境保护内容。

江浙沪在早期并没有成体系的关于海洋环境治理的法律法规,大多数有关海洋环境治理的政策都是一些暂行条例,见表 3-2。

表 3-2　早期长三角地区海洋环境治理的暂行条例

年份	部门	暂行条例	主要内容
1979 年	江苏省人民政府	《江苏省水产资源繁殖保护实施办法》	加强水产资源保护,发展水产业,对水产资源繁殖保护工作成绩显著的单位、个人给予表扬奖励。对损害资源造成重大破坏的进行严肃处理,推动江苏省水产资源恢复和增值
1980 年	江苏省人民政府	《江苏省水产资源繁殖保护实施办法的补充规定》	对保护措施的实施情况进行总结,加大对破坏环境行为者的处罚力度
1981 年	浙江省人民代表大会常务委员会	《浙江省海洋水产资源保护暂行规定》	规定不得将油污染和其他有毒物质排入海域。对于那些造成海域污染和渔业损失的行为,要按照《中华人民共和国环境保护法(试行)》和《浙江省防治环境污染暂行条例》进行处罚
1981 年	浙江省第五届人民代表大会常务委员会	《浙江省防治环境污染暂行条例》	必须将保护环境和自然资源作为综合平衡的重要内容,提出环境保护的目标、要求和措施;坚持谁污染谁治理的原则

　　早在 20 世纪 20 年代,上海市政府就已经着手对城市和海洋垃圾进行治理,上海市政府提出要提高上海市的整洁率。上海市政府要求每个上海市民都要保持门前的清洁和整洁,不允许把垃圾摆在门前或者随便丢弃在大街上。为了增强群众的卫生观念,上海市卫生局的各级领导也不时到大街上当面给群众演示怎样倒垃圾,指导垃圾倒在什么地方才合适,各大报纸积极刊登关于环保方面的文章,改变人们的观念,宣扬正确处理垃圾的方式和文明卫生观。上海市区以及海滩垃圾就是在这一方针实施后显著减少。

　　总的来说,早期有关长三角地区的海洋环境治理,并没有具体的法律条文规定,只是在环境治理中有所提及。在当时的大环境下,人们并没有意识到海洋环境的破坏会影响生活和生产,有关海洋的观念还是海洋可以无限被开发、海洋是可以自我净化的等等。

第二节　渔业海洋垃圾治理的发展期

一、国外渔业海洋垃圾治理发展期总体状况

　　在各个国家治理海洋生态的过程中,"公海悲剧"问题愈演愈烈,各个国家都不愿意花费大量的资金去清理公海和海域交界区的渔业海洋垃圾,这极大地阻碍了海洋生态的治理进程。1982 年,第三次联合国海洋法会议召开,会议商议通过了《联合国海洋法公约》,该公约对内水、领海、临接海域、排他性经济海域、公海等重要概念做了界定,对当时海上污染的治理有重要的指导与裁定作用。由此,"公海悲剧"问题才得到了缓解,各个国家开始合作治理海洋生态,进入了"国际治理"的阶段。1983 年,联合国又推出了《新发展观》一书,强调发展的特性应当是综合的、整体的和内生的。其主要论点是把增长和发展等同起来,把发展作为一项系统工程来抓,把经济社会各个方面全面协调地结合起来,注重人与自然、经济与政治之间的和谐统一。人们对于海洋垃圾污染有了新的认识,在减少垃圾排向海洋的同时,主动治理已经被污染的海洋,清理海洋当中的污染物,而不是简单笼统地将海洋生态归结到总的生态治理中。同时,人们意识到渔业海洋垃圾给海洋生态带来了极大的破坏,废弃的渔网、渔具严重影响海洋生物的生存,给环境带来不可估量的损失。

　　2004 年,"微塑料"这一概念的提出,将海洋塑料垃圾问题带入社会大众视野。受污染程度不断加剧、科研成果不断增加和环保意识不断觉醒的影响,海洋

塑料垃圾问题已逐渐由单一科学层面提升到具有政治性和经济性双重属性的层面。海洋塑料垃圾阻碍了渔业、航运业、滨海旅游业和其他海洋产业的发展并加大了全球经济隐性成本,例如海滩和海岸带上的塑料垃圾会使旅游者产生极大的心理落差,导致旅游人数减少,从而导致海洋旅游业收益减少。据估算,海洋塑料垃圾每年在全球范围内造成的直接与间接经济损失至少为 80 亿美元。海洋塑料垃圾可能阻碍船舶动力系统并危害海上航行安全,并且粒径极小的海洋塑料颗粒(海洋微塑料)会对人类健康造成潜在危害。尽管没有明确的证据证明微塑料对人类健康有很大的危害,但是科学家们已确认微塑料能吸附邻苯二甲酸盐和其他有毒有害化学物质,并且可能通过食物链转移或者被皮肤吸收,引起人体新陈代谢紊乱、内分泌失调等,一定程度成为生殖障碍的诱因,甚至产生癌症病变。

在海洋垃圾治理方面,世界各国采取了各种行动。美国的环境保护志愿者热衷于参加渔业海洋垃圾的治理工作,特别是在国际海滩清洁日这一天,志愿者们会聚集起来一同去清理海滩。美国“海洋垃圾工程”努力通过教育提高认识,改善和改进公众行为,例如与有关大学或国际海洋组织进行海洋垃圾研究,或者启动“海洋垃圾的监测与评价”项目。韩国在海洋环境管理方面十分重视群众参与配合,扶持并发展起多个民间海洋团体,并有数万人加入,他们是海洋垃圾防治工作的重要力量。

二、中国渔业海洋垃圾治理发展期总体状况

全球治理委员会将治理定义为个人、公众、公共及私人部门机构联合经营管理同一事务的多种手段之和。就是通过协调主体之间的矛盾与利益,最终达到不断的联合行动。海洋垃圾治理是指以政府为主导,企业、公众和非政府组织共同参与,从而形成多方合作局面,共同治理海洋垃圾的过程。伴随着全球海洋垃圾的不断增多,海洋垃圾治理已成为世界各国面临的一大难题。在这种情况下,不断创新我国海洋垃圾治理的理念与方法,主动参与全球海洋垃圾治理,既有助于提升我国海洋垃圾治理能力,也有助于提升我国在全球海洋环境保护事务中的话语权,还能为全球海洋垃圾治理工作提供中国经验和智慧。

1982 年 8 月《海洋环境保护法》制定并颁布,该法以保护海洋环境和资源、防治污染损害、维护海洋生态平衡、推动海洋事业发展为宗旨。该法出台后,我国又围绕其出台了一系列相关法律法规,例如 1983 年提出将环境保护作为一项基本国策;1983 年 12 月《中华人民共和国防止船舶污染海域管理条例》颁布,该条例明确了船舶污染和船舶污染带来的危害和惩罚,其目的在于保护海洋,减少渔业海洋垃圾排放。1986 年第六届全国人民代表大会常务委员会商议通过了

《中华人民共和国渔业法》,该法明确阐述渔业资源保护问题,首次提出渔业海洋垃圾污染惩罚及相关举措,这是渔业海洋垃圾管理政策立法的起点。在这一阶段,还颁布了《中华人民共和国水生野生动物保护实施条例》等法令。

1992年,中国向联合国提交了《中华人民共和国环境与发展报告》,向全世界展示中国环境治理取得的成就。同年,政府制定"中国环境与发展十大对策",提出走可持续发展道路是中国当代以及未来的选择。1996年编制的《中国海洋21世纪议程》中,提出促进海洋生态平衡,随着中国经济和社会的发展,1982年颁布的《海洋环境保护法》已明显不能满足当时中国海洋污染状况的需要。1999年,中国对《海洋环境保护法》做了第二次修订,修订后的《海洋环境保护法》对监督管理海洋环境、保护和改善海洋生态、控制海洋环境污染起到了关键作用,并且自新的《海洋环境保护法》实施以来,我国国家海洋局以社会发展与海洋生态为中心,持续加强对海洋环境的监督。一方面,以近岸观测为核心,增加并调整了海洋环境监测站的点位,增设了海洋生态监测项目;另一方面,建立了一套从中央到地方的海洋环境监测系统,对海洋生态进行监控。该时期我国海洋环境保护步入发展阶段,海洋环境保护立法和修改步伐加快,海洋环境和生态保护取得的成果日益凸显。这一阶段海洋环境立法比较全面,逐步形成具有中国特色的海洋环境保护法律体系。

进入21世纪,海洋环境保护工作迈上新台阶。2002年第五次全国环境保护会议既向政府提出了海洋环保工作要求,也动员全社会力量把此项工作做好。2002年国务院制定了《全国海洋功能区划》,用以指导和规范各地的海洋开发工作。2003年《全国海洋经济发展规划纲要》指出,要依据有关分区等开展海洋环境保护。实现可持续发展已经成为有关政策制定和实施的核心部分,可持续发展理念已被应用到渔业海洋垃圾治理政策当中。在政策制定上,提出建设海洋保护区和恢复生态红线,并开始采用一些现代化手段强化海洋环境监测督查等。社会公众、企业等也开始加入政策制定的过程,政策的参与方在增多,政策的内容在细化,渔业海洋垃圾治理体系已逐渐清晰。

在渔业海洋垃圾治理发展时期,我国也成立了大量的海洋环境保护组织,例如深圳市蓝色海洋环境保护协会、福建省环保志愿者协会、蓝丝带海洋保护协会等。2005年深圳市蓝色海洋环境保护协会在红树林保护区管理局召开成立大会,该协会的宗旨是将海洋环保的意识传送到社会的各个阶层,推动深圳市、广东省甚至全国生态环境保护的发展,拯救和保护沿海濒危海洋生物,减少海洋垃圾,为我国海洋生态可持续发展做出贡献。2006年福建省环保志愿者协会成立,该协会倡导遏制环境污染和恪守环保法规,成为福建省最具影响力的非政府组织之一。在众多环保协会中,规模最大、影响最广的是蓝丝带海洋保护协会。

2007年蓝丝带海洋保护协会在海南三亚注册成立,以海洋保护为宗旨,致力于海洋保护方面的教育宣传、垃圾治理和生态保护,推动建立中国民间的海洋保护网络系统。自成立之初,该协会便开始了治理海洋生态的工作,组织各种海洋保护宣传活动,得到社会广泛认可。

这一阶段,围绕《海洋环境保护法》推出各种更加精准细致的举措项目,对海洋环境保护和污染等问题作出进一步细化规定,海洋环境保护整体性政策法规体系初具雏形。政府是政策执行中的主导者和主体,把环境保护"三项政策,八项制度"作为推动环境保护和经济发展的主要举措。中国已开始将环境保护由事后的污染治理向事前的污染管理转变,但对污染的处理主要集中在罚款与监督方面,政策制定缺乏衔接。

三、长三角沿海区域渔业海洋垃圾治理发展期总体状况

改革开放以来,长三角以其优越地理位置及国家政策扶持,经济得到快速发展,但在经济迅速发展的同时,生态环境呈现逐年恶化的趋势。长三角海洋渔业环境污染问题十分突出,"罪魁祸首"之一是无法抑制的排污行为,2009—2012年江浙沪三地排污口一直处于超标排放状态,排污问题严重,引起长三角有关省、市的关注。江浙沪各级政府在海洋环境日益恶化的情况下,认识到合作治污的迫切性,纷纷迈出合作治海步伐。在此背景下,江浙沪等地纷纷出台相关政策并投入了大量人力、物力和财力进行治污,但是效果并不理想。造成这种现象的原因有两个:一是海洋渔业水域是公共物品,非竞争性、非排他性强,人人都希望通过"搭便车"来获取利益,这种非排他、非竞争性,最终将会酿成公地悲剧;二是海洋渔业水域的整体性、功能性和现行海洋环境管理体制产生了冲突。海洋渔业水域的整体性和功能的复合性,决定了我国现行的环境管理体系追求属地管理原则,一旦环境管理遵循属地原则并涉及跨界污染问题,地方保护主义介入环境管理便很难避免。这使得原本为一个整体的海域遭到人为分割,使管理更加分散,地方政府"各自为政",信息交流不畅且缺少实质配合。无论是政策制定还是过程实施,均未站在整体角度对海洋渔业环境污染进行思考。为此,地方政府迫切需要建立有效合作治理机制来共同应对海洋渔业环境污染问题。

江浙沪三地政府正式合作治海前,长三角地方政府之间曾有过零散和自发合作,而这大多源于跨界水污染纠纷。直至2002年,国家海洋局和江浙沪海洋主管部门第一次就长三角海洋生态环境保护方面的合作事项进行了磋商,合力治海才得以真正拉开帷幕。详见表3-3。

表 3-3　江浙沪三地渔业海洋垃圾治理发展期合作情况(2001—2012 年)

时间	会议或单位	主要事件或内容
2001 年 5 月	首届沪苏浙经济合作与发展座谈会	加强区域生态环境治理,组织编制环境整理方案,开展东海环境保护研究
2002 年 5 月	江浙沪海洋主管部门	第一次围绕长江三角洲地区海洋生态环境的保护进行商讨
2003 年 8 月	第四次长江三角洲城市经济协调会	坚决执行环境保护的基本国策,建立生态环境联合保护制度
2004 年 6 月	第三次"长江三角洲近海海洋生态建设行动计划"讨论会	拟定《推进长江三角洲近海海洋生态建设行动专家建议书》
2004 年 11 月	江浙沪海洋主管部门	签订《沪苏浙长三角海洋生态环境保护与建设合作协议》;成立长三角海洋生态环境建设工程行动计划领导小组,并设立相应的办公室;组织编写"长三角海洋生态环境建设工程行动计划(规划)"
2007 年	江浙沪三地政府	合力修订完成《长三角近海海洋生态环境建设行动计划纲要》
2008 年 5 月	长三角区域创新体系建设联席会议办公室	制定《长三角科技合作三年行动计划(2008—2010 年)》,携手打造长三角生态和谐宜居区,有效控制环境污染,促进生态系统可持续循环
2008 年 12 月	江浙沪环保部门	签订《长江三角洲地区环境保护合作协议(2009—2010 年)》;完善区域环境共享与发布制度,建立浙江省、江苏省、上海市环境保护合作联席会议制度
2009 年 2 月	长三角地区生态环境保护合作第一次联席会议	制定更加严格的排污管理标准,推进环境资源价格改革,加强对渔业海洋垃圾的治理
2012 年 6 月	江浙沪边防总队海上勤务协作会议	加强江浙沪海上巡逻合作,加大海上执法力度

　　尽管江浙沪合作治海取得了初步成效,近海水域的污染问题有所缓解,但有些问题仍不容忽视。比如尽管江浙沪每年召开例会讨论海洋环境保护方面的重要问题,但是这种领导或者部门之间的沟通并不常态化,达成的一些合作事项由于各种原因未能落地,以至于有百姓称长三角合作是给人"画饼"。江浙沪合作治海尚处于初级阶段,以共同制定规划、协议等为主,再由省市按规划或协议要求实施,即三地合作仍较多止于文件,实践中并无多见。江浙沪在区域合作上也存在诸多问题,具体而言,有如下几个方面。

（一）区域治理主体比较单一

合作治理内涵决定了治理主体要平等且多元，市场与社会在污染治理方面要扮演更加重要的角色，政府则主要起指导、服务与协调的作用。这样不仅有助于在污染治理政策出台之初就倾听不同利益群体的声音，推动政策出台科学化、民主化，还有利于政策在执行阶段得到更多群体的合作和监督。反观长三角合作治理试水，从初始合作倡议、中间合作事项商议到最终合作计划落实等环节都由政府全程包办，市场与社会主体明显缺位。这种"命令-控制型"治理方式，使市场与社会处于被动服从状态，极大地降低了其积极性。导致的结果是企业社会责任感不强，违规排污现象屡禁不止；公众海洋环保意识与公民意识薄弱，对海洋渔业环境的保护与违规排污的监管认识不足。

（二）区域合作治理方式制度化程度低

通常情况下，地方政府之间是否能合作取决于是否能建立良好的制度环境、合理的组织安排和健全的合作规则。其中制度环境为基础保障，组织安排为结构保障，合作规则为约束保障。长三角区域合作治理主要采取走访，召开会议，签署宣言、倡议书或者协定、制订计划，建立组织机构等约束力较弱的形式。在这一过程中，由于缺乏有利的制度环境、合理的组织安排和健全的合作规则等，其工作常常流于表面，操作性差、约束力差。各地方政府是独立利益主体，相互之间行政力量相当，一旦它们之间发生强烈的利益冲突就很难调和，而这些约束力较弱的协定和不够成熟的组织也将"不堪一击"。

（三）区域合作治理过程沟通不畅

长三角作为一个整体地理单元，江浙沪等地的地方政府制定自己的海洋环境保护政策和规划，既要着眼于辖区又要着眼于全局，鉴于海洋环境问题存在区域性和共性，需要周边地方政府建立良性沟通。但实际情况是江浙沪之间缺乏深度交流和协作，使得各地区所制定的海洋环境保护政策或者方案具体内容存在较大差异，致使所推出的政策或者方案不能衔接、不能协调一致。从表面上看，三地联手在治污；而从本质上看，仍然是"各扫门前雪"。比如沿海从事港口、码头及旅游等业务的单位与个人，《江苏省海洋环境保护条例》与《浙江省海洋环境保护条例》均对其做出了相应规定，但两地在法律责任方面却存在着明显差异。《江苏省海洋环境保护条例》第四十一条规定，"违反本条例第三十条规定，不处理作业、经营产生的污染物、废弃物，污染海洋环境的，由依法行使海洋环境监督管理权的部门责令清除其使用的海域范围内的生活垃圾和其他固体废弃物，并可以处二千元以上一万元以下的罚款"；而《浙江省海洋环境保护条例》第四十一条规定，"违反本条例第二十六条第一款规定，拒不清除生活垃圾和固体废弃物的,由海洋行政主管部门代为清除,所需费用由使用海域或者海岸线的单位和个人承担,并可处一千元以上五千元以下的罚款"。针对同一件事,两地罚款金额相差较大,造成了不公平,导致长三角合作治理海洋渔业环境污染联合执法不力。因此,长三角合作要进行更广泛、更深入的信息交流与沟通,将交流内化为日常管理工作。

(四)区域合作治理目标本位主义

本位主义就是只注重个人不注重集体、只注重部分利益不注重整体利益的观念或做法。在利益面前是否选择合作是地方政府常常面对的一种抉择。如果地方政府只考虑本地利益而背弃整体利益,将导致集体处于"囚徒困境"之中。

在这个看似复杂的困境中,地方政府的角色和决策显得尤为关键。它们既是地区发展的推动者,也是国家整体利益的维护者。当面临利益选择时,地方政府应当站在更高的角度,全面考虑整体和局部的关系,不能仅仅局限于自身的短期利益。合作,是地方政府走出"囚徒困境"的明智之选。通过合作,地方政府可以实现资源共享、优势互补,推动地区间的协同发展。这种合作不仅能够提升地方的经济实力,还能增强整个国家的竞争力。同时,合作还能促进地区间的文化交流与融合,增进人民之间的友谊与团结,为国家的和谐稳定奠定坚实基础。然而,合作的实现并非易事。它需要地方政府摒弃本位主义以及狭隘的地方观念,以更加开放的心态去拥抱合作伙伴。同时,合作还需要建立在平等、互利、共赢的基础上,确保各方的利益都能得到保障。在这个过程中,中央政府也发挥着重要作用。中央政府通过加强对地方政府的引导和支持,能够推动地方政府间的合作与交流;通过完善相关法律法规和政策措施,还可以为地方政府的合作提供制度保障。

总之,面对"囚徒困境",地方政府应当摒弃本位主义,选择合作。通过合作,地方政府不仅能够实现自身利益的最大化,还能推动整个国家的繁荣与发展。

第三节 渔业海洋垃圾治理的成熟期

一、国外渔业海洋垃圾治理成熟期总体状况

当前,渔业海洋垃圾在全球海洋中广泛存在,近海、深海、极地和赤道都有渔业海洋垃圾的身影,渔业海洋垃圾所带来的后果具有全球性,几乎所有的国家都会受到渔业海洋垃圾的影响。在此时代背景下,全球渔业海洋垃圾的治理呈现出国际化和多元化的特点,渔业海洋垃圾的治理涉及多个国家和地区,需要国际合作来解决,不同国家和地区的渔业资源和环境条件不同,因此需要采取多元化

的治理措施来适应不同的情况。当前,国际渔业海洋垃圾治理步入了"全球治理"阶段。全球治理是在国际治理基础上的升级提高,全球治理与国际治理的不同主要在于非国家行动者和组织的参与以及国家间的深度合作。2023年2月3日,联合国开发计划署与非营利组织"海洋清理"签署谅解备忘录,将通过建立健全塑料废弃物管理系统、支持各国制定和优化减少塑料污染的政策以及加快在河流中部署拦截器等措施,减少塑料进入海洋生态系统,这充分体现了非营利组织在全球治理中的作用。联合国开发计划署可协助各国政府进行政策优化,确保各国在不污染环境的前提下发展社会经济。

欧洲每年约产生2600万吨塑料垃圾,其中大部分垃圾通过运输卖往亚洲国家,另一部分则排入海洋。随着中国和泰国禁止海洋垃圾进口,欧洲的塑料垃圾大部分都排入海洋,造成了严重的海洋污染,坐落于欧洲的世界一体化程度最高的区域性组织——欧盟,自然而然地承担起保护各成员国生态环境、治理渔业海洋垃圾的责任。2015年欧盟出台了《循环经济行动计划》,拟在接下来的3年推出35项立法建议,推动欧洲经济适应绿色未来,激励环境保护与竞争力齐头并进,赋予消费者更多权益。该行动计划是欧委会"绿色新政"的重要组成部分,对欧盟实现2050年碳中和及生态多样性的目标至关重要。2018年欧盟又出台了《循环经济中的欧洲塑料战略》,明确塑料污染的治理在海洋治理中的重要地位。

欧盟在海洋生态治理的过程中发现,大量的垃圾在洋流的作用下漂往世界各地,这就需要全世界联合起来进行海洋生态治理。欧盟在治理本地区海洋垃圾的基础上,积极参与全球海洋的治理,并试图担当"领头羊"这一角色。2016年欧盟发布了《国际海洋治理:我们海洋的未来议程》,该声明成为欧盟参与国际海洋治理的纲领性文件,文件中强调了建立伙伴关系的重要性,呼吁各海洋治理组织之间要加强沟通与合作。

2018年7月,欧盟与中国建立了蓝色伙伴关系,共同参与全球海洋治理,交流海洋塑料垃圾和微塑料的治理经验。2018年10月,欧盟还与联合国环境规划署共同建立了全球塑料平台,这推动联合国环境规划署、区域组织和各国政府形成伙伴关系,旨在促进各国政府通过高层对话交流以可持续生产和消费方式防止塑料污染。2021年4月,欧盟与太平洋岛国签订《后科托努协定》,明确了欧盟与太平洋岛国的合作方向,其中突出了海洋生态的治理问题,其合作内容囊括海洋垃圾处理、深海开采及海洋治理对话等,充分体现了双方在海洋治理方面的决心。2021年4月,欧盟顺利确立了与太平洋地区国家的合作关系,欧盟希望在双边和多边背景下带头推动联合国的可持续发展目标议程,这些国际合作充分体现了欧盟对全球海洋生态环境的担忧,希望通过合作来共同治理海洋生态。

非国家组织者之间、国与国之间都十分关注海洋当中的生态保护。例如2019年《第二十一次中日韩环境部长会议联合公报》指出,为了防止塑料垃圾排入海洋,各当事方将通过促进废弃物的妥善处置、裁减购物袋和其他行动以及研究合作查明海洋污染的真实情况。2019年第八次中日韩领导人会议上,李克强总理还强调,三方要重视海洋塑料垃圾带来的挑战,加强监测方法与防治技术交流,推动开展海洋塑料垃圾对海洋生态环境、极地生态环境影响的科学研究。2023年6月,东亚海洋合作平台青岛论坛召开,论坛围绕海洋生态保护、防灾减灾、蓝色伙伴关系、海洋国际合作与治理等进行交流研讨。2023年7月,国际海事组织与联合国粮食及农业组织合作制订并实施了伙伴关系计划,该计划的目的是协助发展中国家在海运与渔业部门中防止和减少海洋塑料垃圾。

二、中国渔业海洋垃圾治理成熟期总体状况

党的十八大召开以来,我国坚定不移推进生态文明建设,推动美丽中国建设迈出重要步伐。拥有漫长的海岸线、广袤的管辖海域和丰富的海洋资源的中国,海洋事业发展取得瞩目成就。《中华人民共和国渔业法》第二十三条规定:"到中华人民共和国与有关国家缔结的协定确定的共同管理的渔区或者公海从事捕捞作业的捕捞许可证,由国务院渔业行政主管部门批准发放。海洋大型拖网、围网作业的捕捞许可证,由省、自治区、直辖市人民政府渔业行政主管部门批准发放。其他作业的捕捞许可证,由县级以上地方人民政府渔业行政主管部门批准发放;但是,批准发放海洋作业的捕捞许可证不得超过国家下达的船网工具控制指标,具体办法由省、自治区、直辖市人民政府规定。"该条款加强了对渔民捕捞的规定,并且对渔民所用的渔网做出了规定,减少了渔民使用劣质渔网所产生的海洋废弃渔网数量,对海洋中渔业垃圾的减少起到了一定的促进作用。

随着生态文明建设的发展和对海洋的不断开发,有关海洋环境保护的法律法规已经不能适应时代要求,亟须推出新的法律法规来约束人们的海洋活动。2017年3月,国务院对《防治船舶污染海洋环境管理条例》进行了第五次修订,此次修订规定了船舶在向海洋排放船舶垃圾、生活垃圾和渔业垃圾时,应当符合法律法规,在排放船舶垃圾时需要如实记录,并每个月向海事管理机构进行垃圾排放报备。2017年11月,对《海洋环境保护法》进行了第三次修正,此次修正主要是加强了对海洋中生物多样性的保护,优化了海洋环境监测体系,加大了对违反法律法规船舶的处罚力度。这些法律法规的出台彰显了我国对海洋环境保护的决心,地方各级人民政府积极响应并出台了相关的法律法规。例如各地地方

性法律法规的颁布:2019 年山东省人民代表大会常务委员会颁布《山东省长岛海洋生态保护条例》,2019 年河北省人民政府颁布《河北省防治船舶污染海洋环境管理办法》,2019 年嘉兴市人民政府办公室印发《嘉兴市海上船舶污染事故应急预案》,2021 年上海市人民政府颁布《上海海上船舶污染事故专项应急预案》,2022 年江苏省人民政府颁布《江苏省长江船舶污染防治条例》,等等。

三、长三角沿海区域渔业海洋垃圾治理成熟期总体状况

近年来,我国政府高度重视长三角地区渔业海洋垃圾治理,出台了许多引导渔业海洋垃圾污染防治的政策,这对长三角地区渔业海洋垃圾治理起到了十分重要的推动作用。2012 年以来,长三角渔业海洋垃圾治理有关法律法规主要包括《浙江省海域使用管理条例》《浙江省海洋环境保护条例》《江苏省海洋环境保护条例》及其他渔业海洋垃圾治理的政策文件。在此期间,可以看出渔业海洋垃圾治理是海洋环境治理中不可分割的一部分,它在海洋环境治理政策文件中占据越来越重要的地位。在原有政策体系之上,有关渔业海洋垃圾治理的政策内容被不断完善,由过去以治理为中心向以宣传教育为中心转变,宣传教育和群众教育也开始在政策中频频出现,渔业海洋垃圾治理是全社会的难题,需要全社会各方面力量共同努力。详见表 3-4。

表 3-4 2015—2022 年长三角地区渔业海洋垃圾治理方面的法律法规

时间	单位	法律法规	内容
2015 年 5 月	江苏省政府	《省政府关于加强近岸海域污染防治工作的意见》	将近岸海域污染防治目标、任务和措施纳入政府工作计划
2016 年 12 月	江苏省环境保护厅、江苏省海洋与渔业局	《江苏省十三五近岸海域水污染防治规划(2016—2020)》	在"十二五"污染防治工作的基础上,坚持"立体化监测、精细化服务",开创海域动态监管工作新局面
2018 年 1 月	浙江省环境保护厅等十一部门	《浙江省近岸海域污染防治实施方案》	聚焦强化治本措施,聚力打好治水攻坚战;聚焦深化重点领域治理,聚力打好治气攻坚战;聚焦依法从严常态,聚力打造环境监管执法升级版
2018 年 9 月	上海市环境保护局等九部门	《上海市长江口及杭州湾近岸海域污染防治方案》	聚焦近岸海域污染问题,切实打好污染防治攻坚战

时间	单位	法律法规	内容
2019 年 4 月	浙江省生态环境厅等九部门	《杭州湾污染综合治理攻坚战实施方案》	坚持陆海统筹,以海定陆,确认十三项主要行动,每项工作都明确了牵头单位和参与部门
2019 年 5 月	上海市生态环境局	《2019 年上海市海洋生态环境保护工作要点》	持续做好机构改革工作,推进机构队伍和基础能力建设;建立健全海域生态环境保护制度体系;推进上海市入海污染源的综合治理;强化海域生态环境监管
2020 年 12 月	江苏省人民政府办公厅	《江苏省近岸海域污染物削减和水质提升三年行动方案》	通过新(改、扩)建项目污染物排放量"增一减一"、存量削减与增量控制相结合、以海定陆精准治污的原则,引导沿海地区实施近岸海域污染治理和生态修复工程。提高涉海项目环境准入门槛、推进入海排口排查与整治
2021 年 5 月	上海市人民政府办公厅	《上海市 2021—2023 年生态环境保护和建设三年行动计划》	提出要深入打好防治污染攻坚战,推动解决海洋治理工作
2021 年 5 月	浙江省发展改革委、浙江省生态环境厅	《浙江省生态环境保护"十四五"规划》	围绕海洋治理,谋划部署了"5+5+12"的重点任务体系
2021 年 8 月	上海市人民政府	《上海市生态环境保护"十四五"规划》	制定了 2025 年和 2035 年生态保护远景目标,要求将绿色发展全面融入经济社会发展全过程和全领域,协同推进海洋垃圾治理
2021 年 9 月	江苏省人民政府办公厅	《江苏省"十四五"生态环境保护规划》	制定了 2025 年和 2035 年生态保护远景目标,推进十项重点任务,实施八项重点工程
2022 年 9 月	浙江省人民代表大会常务委员会	《浙江省固体废物污染环境防治条例》	规定了工业固体废物、农业固体废物和其他固体废物的排放标准,以期合理利用资源,维护生态安全
2022 年 11 月	江苏省人民代表大会常务委员会	《江苏省长江船舶污染防治条例》	对长江流域船舶的水污染防治、作业活动污染防治、污染事故应急处置、区域协作等进行了规范
2022 年 12 月	上海市人民代表大会常务委员会办公厅	《上海市船舶污染防治条例》	规定了各种船舶污染物的正确排放方式,要求各类人员采取有效措施预防与减少污染物的排放

在合作治理海洋方面,长三角沿海区域各省市对建立治理法治化政策提升长三角沿海区域环境治理能力已达成共识。区域协同磋商机制已初步形成,同时签订了若干有关行政协议并形成若干区域性治理法律文件。

2007 年沪苏浙人大常委会法制工作机构签订的《沪苏浙法制协作座谈会会议纪要》为区域立法协作提供了思路。从 2009 年开始,沪苏浙人大常委会设立主任座谈会制度,把地方立法协作列入协同范围予以推动。2020 年沪苏浙人大常委会分别通过各自的《关于促进和保障长三角生态绿色一体化发展示范区建设若干问题的决定》。2021 年沪苏浙皖司法厅(局)共同签署了《长江三角洲三省一市司法厅(局)区域协同立法合作框架协议》。沪苏浙皖人大常委会通过《关于促进和保障长江流域禁捕工作若干问题的决定》,对长三角沿海地区海洋渔业废弃物管理和法治化道路选择提供相应政策支持。2023 年长三角区域生态环境保护协作小组第三次工作会议召开,会前沪苏浙皖生态环境部门联合发布了《长三角生态绿色一体化发展示范区生态环境质量报告(2022 年)》,合力推进长三角区域生态环境一体化高水平保护。

在渔业海洋垃圾的治理实践方面,以上省市都发挥了各自的作用。例如2017 年浙江省舟山市为深入贯彻《海洋环境保护法》和《浙江省海洋环境保护条例》,在全国率先提出"海洋检察"这一创新性观念,近年来舟山市成立了专门的海洋检察组织,逐步构建起"四大检察"协同和海洋监察"特色发展"的立体式监督新格局,海洋监察工作持续走在全国前列。截至 2022 年,舟山市检察机关共办理 400 余件海洋刑事案件,案件类型主要集中在偷挖偷运海砂、非法收购销售海洋野生动物及非法倾倒海洋垃圾等,舟山市在海洋生态保护、船舶排污防治和海岸线生态保护等方面做出了贡献,全面维护了我国海洋生态环境。

2022 年浙江省台州市探索并创建了海洋塑料污染治理新模式。政府与企业通力合作,组织渔民开展海洋塑料垃圾回收工作,回收的塑料被统一转运到有关企业回收利用,制作成手机壳和塑料袋等。同时产品销售所得反哺渔民和其他参与海洋塑料循环利用者,充分实现了海洋塑料垃圾的循环利用和变废为宝。2022 年南通市作为江苏省滨海城市,率先完成了入海排污口排查溯源,全面建立"污染单位—排污通道—排污口—受纳水体"全链条档案,统筹开展了入江入海排污口专项整治。

在增强海洋保护意识上,江浙沪三地政府都做了同样的努力。上海市政府相关主管部门,每年都要以"环境日""海洋日"为契机,积极开展各种海洋环保专题宣教活动,让海洋宣传"上街头""进码头""进渔村""进社区""进校园"。上海市生态环境局海洋处已连续五年以社会公益组织和志愿者的方式,每周为上海市浦明师范附属小学和上海市实验学校东校小学部的同学开展一系列关于海洋生态环境保护的宣传活动。此外,上海市政府还开展了云课堂和微信海洋知识竞答,组织民众和志愿者开展海滩垃圾清理活动。2020年,江苏省自然资源厅积极运用互联网大数据,在官网开设了海洋保护专题,更利用微信、抖音、微博等平台,加大海洋保护宣传科普活动力度,创新出台"海洋生态保护主题创意作品大赛""海洋云课堂""海洋知识的网上音频科普"等一系列面向社会公众的科普活动,极大地增强了沿海地区民众的环保意识。浙江省政府也积极开展海洋环保宣传教育活动,在政府网站设置环保知识专栏,对公众进行海洋环保教育,并与各种海洋保护主题节日相结合,以线上线下结合的形式,通过各种渠道,从多个层面对群众进行海洋环保宣传教育。

在政府的大力宣传下,越来越多的社会力量参与渔业海洋垃圾的治理,如各个社会组织进行的"净滩"活动及各地区设立海洋环保组织。随着人们环保意识的提高,越来越多的社会组织相继出现并参与海洋环境治理。例如上海市仁渡海洋公益发展中心以海洋垃圾公共议题为核心,业务内容既包括海洋垃圾清理及公众宣传教育,又包括海洋垃圾研究及海洋公益行业能力建设等,主要工作内容包括"守护海岸线"和"爱我生命之源"等。舟山市千岛海洋环保公益发展中心积极探索多岛屿联动机制,一个岛屿设立一个驿站,为当地人民排忧解难;进行海洋垃圾的监测,对渔民等进行调研,形成调查报告,为渔业海洋垃圾治理的研究工作及政府部门的治理工作提供依据;开展公众环保教育,组织校园环保课程、千岛观影会、"发现家乡之美"千岛公益行等活动。舟山市"东海渔嫂"通过"垃圾不落海"活动助推渔业海洋垃圾治理,渔民出海将垃圾带回,渔嫂在岸上分类整理。民间公益力量的加入为渔业海洋垃圾的治理提供了一定的帮助。

第四章 长三角沿海区域渔业海洋垃圾治理多主体协同治理研究

第一节 长三角沿海区域渔业海洋垃圾多主体协同治理的相关利益方

多主体协同治理是一种新型的组织模式,基于这种模式,多个主体在特定的问题领域内共同合作和治理。多主体协同治理的核心理念通过协商、合作和共治来实现,它是一种追求共同利益和可持续发展的治理模式。其显著特性在于各参与方之间建立了一种协同、合作和协调的关系,通过这种合作方式,各方的优势得以整合。多主体协同治理的一个显著优势是能够在所有利益相关方之间达成共识,实现共同的目标,从而实现利益的最大化。各个主体间的协同合作能够最大化地利用各方的资源和长处,共同推动创新,进而增强治理的效果和品质。总的来说,多个主体共同参与的治理模式是一种高效的管理手段,它有助于达成共识、资源整合和共同创新,从而实现问题的高效管理。

一、利益相关者角色分析

在渔业海洋垃圾治理领域,多主体协同治理是解决问题的重要途径之一。政府、企业、社会等多个主体可以共同参与渔业海洋垃圾治理,达成协同治理的共识,形成协同治理机制,最终实现海洋环境的改善和可持续发展。全面识别利益相关者、科学界定多主体构成是研究渔业海洋垃圾协同治理的前提条件。根据已有对利益相关者的研究,学者们认为渔业海洋垃圾治理的利益相关者是指能够直接和间接影响渔业海洋垃圾产生情况的个人、群体或组织。基于利益相关者理论与协同治理理论,将长三角沿海区域渔业海洋垃圾协同治理的利益相关者划分成政府、企业和社会三类主体,认为政府、企业和社会三类主体在渔业海洋垃圾协同治理中扮演着不同的角色,有不同的角色行为特征。

在渔业海洋垃圾的协同管理过程中,政府作为主导和监管机构,有必要加强对垃圾处理的政策支持和监管力度,同时也需要为企业和社会提供必要的制度资源和政策支持。首先,政府需要高度重视渔业海洋垃圾管理政策的构建和普及,这包括对相关法律和法规的完善,以及加强渔业海洋垃圾处理技术的研发和标准制定等方面的政策支持。接下来,政府还需要构建和完善监管体系,以确保在渔业海洋垃圾管理过程中,企业和社会组织严格遵循相关的规章制度和标准,从而确保治理工作的公平性和有效性。最终,政府有责任为企业和社会提供所需的资金、技术和信息支持。政府可以通过增加财政支出、提供税收优惠和专项补贴等手段,来协助渔业海洋垃圾处理企业和社会组织进行相关工作。此外,政府还可以建立信息平台,为企业和社会提供必要的信息和技术支持,以促进协同治理的有序进行。

企业在渔业海洋垃圾治理中作为助力者和推动者,有必要加强对渔业海洋垃圾的分类、回收和再利用,以提升渔业海洋垃圾处理的效率和质量。为了降低渔业海洋垃圾的数量和对海洋环境的负面影响,企业应当主动实施渔业海洋垃圾的分类管理,对各种不同类型的渔业海洋垃圾进行有序的收集和处理,并对这些可回收的垃圾进行分类和回收。与此同时,各企业应当加大对渔业海洋垃圾处理和再利用技术的研究与推广力度,以提升渔业海洋垃圾处理的效能和品质,同时减少环境污染和可回收资源的不必要浪费。各企业应当重视渔业海洋垃圾的资源化再利用,通过再生资源利用、生物质能源利用等方式,来实现资源的重复利用,这些举措也可以为相关企业带来经济效益。企业可提供相关渔业海洋垃圾回收、资源再利用技术,以及渔具渔网科技创新服务,利用数字化、区块链等手段参与政府渔业海洋垃圾治理项目,也可以加强与社会组织的互动合作,促进渔业海洋垃圾治理的公众意识提升、公众共同行动的达成、共同体的培育等,以保证渔业海洋垃圾分类、回收和利用的有序开展。

作为负责垃圾处理的社会参与者和监管者,社会主体应当加强对渔业海洋垃圾管理责任的培养,提升环境保护意识,并积极参与到渔业海洋垃圾的分类、回收和再利用活动中。社会各主体应当更加重视渔业海洋垃圾的分类、回收和再利用,深入了解这些垃圾对海洋生态和人类健康的潜在威胁,并积极参与相关的宣传教育活动。通过参与公益组织及公益项目,带动更多志愿者、渔民、其他社会公众采取行动,参与渔业海洋垃圾治理。

二、利益相关者行为分析

(一)政府引领渔业海洋垃圾治理

政府作为主导者和监管者,在渔业海洋垃圾治理中具有举足轻重的作用。在渔业海洋垃圾治理中,相关政府主体不单包括与渔业相关的政府部门,也包括涉及环境整治与生态环境保护以及海洋渔业用具等相关部门。具体而言,长三角各地方政府负责起草或参与起草渔业海洋垃圾治理的地方性法规、规章草案,拟定海洋渔业发展规划、有关标准和技术规范并监督实施;负责海洋渔业资源及生态环境的保护;负责海洋渔业科技管理;负责海洋渔业的安全监督、应急管理以及综合执法。详见表 4-1。

表 4-1　长三角沿海区域地方政府在渔业海洋垃圾治理领域部分相关职责梳理

地区	管理部门	相关职责
上海市	上海市人民政府	负责颁布相关法律法规以推动长三角沿海区域发展
	上海市生态环境局	定期定点开展海洋垃圾监测
	上海海事局	对长三角有关垃圾治理的新闻进行播报宣传
	上海市水务局(海洋局)	提供长三角沿海区域 24 小时海洋预报
浙江省	浙江省农业农村厅	负责水生生物资源保护工作、渔业水域生态环境保护工作
	浙江省生态环境厅	负责生态环境(海域)问题的统筹协调和监督管理、环境污染(海洋)防治的监督管理
	浙江省经济和信息化委员会	牵头推进绿色制造工程、组织制定并实施清洁生产促进政策
	浙江省自然资源厅	负责组织实施空间规划体系并做好有关监督工作、推动自然资源领域科技发展
	浙江省海洋与渔业局	负责渔业水域生态环境保护工作、渔业科技管理工作、渔业安全监督管理和应急管理工作
江苏省	江苏省人民政府	负责颁布相关法律法规以推动长三角沿海区域发展
	江苏海事局	负责船舶登记和适航管理工作;管理船舶安全检查工作;负责辖区航运公司、船舶安全管理体系审核管理工作
	江苏省生态环境厅	负责建立生态环境有关制度
	江苏省科技厅	组织拟订与海洋渔业相关的高新技术、科技促渔等规划、政策和措施
	江苏省海洋与渔业局	组织开展海洋与渔业生态环境监测评价、开展形式多样的宣传活动,普及海域使用、无居民海岛开发利用、海洋环境和资源保护

在长三角沿海区域渔业海洋垃圾治理中,政府仍占据治理主体中的核心地位。长三角沿海区域渔业海洋垃圾治理机构以海洋与渔业局为主,其他部门为辅,与海事部门、生态环境部门、自然资源部门以及农业农村部门等部分职能存在交叉。政府通过政策制定、机制运行等手段,协调和整合各方资源,减轻渔业海洋垃圾对生态环境的污染和渔业资源的破坏。渔业海洋垃圾治理不是政府单方面的责任,还需要政府、企业和社会共同参与,形成合力,协同推进。政府对渔业海洋垃圾治理的引领行为,主要表现在以下几个方面。

(1)制定渔业海洋垃圾协同治理的法律、政策等。旨在通过规范和引导各方行为,形成合力,共同推进渔业海洋垃圾治理工作,保护海洋生态环境,促进渔业资源的可持续发展。

(2)建立渔业海洋垃圾协同治理运作机制。渔业海洋垃圾的协同治理机制的目标是推动渔业海洋垃圾的高效管理,这通常需要多个政府部门、企业和民间组织共同合作,以实施有力的垃圾处理措施。政府负责制定和执行渔业海洋垃圾的管理计划和相关政策,同时协调各相关部门和组织的努力,促进技术创新和资源共享,加强监管和执法,以提升公众的环保意识和参与度。

(3)搭建一个针对渔业海洋垃圾的协同治理的沟通与协商平台。为了建立一个有效的沟通和协商平台,我们需要建立特定的通道和机制,这样组织内的各种实体(例如政府部门、企业和民间团体等)就可以直接进行沟通、磋商和问题解决,从而形成合作的共识。在线协商平台为所有参与方提供了一个方便的交流和沟通平台,使大家能够在任何时间和地点进行讨论和协商。此外,该平台还可以定期组织会议,为各方提供面对面的交流机会,从而加深彼此的理解和信任,有助于更好地进行协同合作。因此,创建一个直接的沟通和协商平台变得尤为关键,这不仅有助于信息的有效收集,还能为长三角沿海地区渔业海洋垃圾的有序治理注入新的活力。

(4)建立涉及多方合作的渔业海洋垃圾协同治理监管机制。构建了一个涉及多方合作的渔业海洋垃圾的协同管理和监督机制。通过构建有效的监管体系,确保在协同治理过程中各参与方的职责和义务得到充分执行,从而确保治理活动能够顺利进行。渔业海洋垃圾的协同治理监管机制涵盖多个方面,包括权责明确的协同治理制度、健全的沟通与协商机制、高效的监管体系以及全面的应急预案等。这些制度和机制有助于在各个主体之间建立合作与协调的关系,从而促进协同治理工作的高效和有序进行。同时,在保证制度框架能够有效实施的基础上,政府有必要加强对协同治理流程的监督管理。

(二)企业落实渔业海洋垃圾治理

在处理渔业海洋垃圾的过程中,涉及的企业不只是生产、销售和回收海洋渔业用品的企业,还涵盖了提供渔业相关技术和组织新型渔业活动的企业。例如,生产渔网和渔具的公司、制造养殖浮球和泡沫箱的公司、渔业海洋垃圾的回收公司、渔业海洋垃圾的再利用公司、渔具技术的创新公司、休闲渔业公司、海水养殖公司以及远洋捕捞公司等。

　　以浙江舟山为研究对象,舟山市裕伟渔具有限公司和浙江舟山市超盛渔具制造有限公司等企业,以及舟山市街道两侧的多家渔具店,都承担着渔网的生产、加工和销售任务,但这并不涉及产品的回收和再利用。舟山市定海华隆渔网厂、舟山市远洋渔具渔网厂、舟山光明渔需渔网厂以及大量舟山个体经营者都在致力于渔网的回收和再利用工作。详见表4-2。

表 4-2　长三角沿海区域典型渔业海洋垃圾治理公司及其行动

地区	公司名称	渔业海洋垃圾治理行动
上海市	上海市固体废物处置有限公司	处理各种固体废弃物,进行海洋垃圾回收
	苏黎世财产保险(中国)有限公司	开展"益"起减塑净滩活动,践行企业责任
	上海索广映像有限公司	开展以"同一片海洋"为主题的净滩活动
浙江省	浙江蓝景科技有限公司	创新实施"蓝色循环"
	舟山市定海华隆渔网厂	对废旧渔网进行回收
	舟山市远洋渔具渔网厂	对废旧渔网、渔具进行回收再利用
江苏省	江苏海耀建设工程有限公司	在世界环境日开启净滩活动
	南京扬子石化-巴斯夫有限责任公司	多次在南京开展垃圾分类活动
	苹果贸易(上海)有限公司南京分公司	开展"河"你一起,守望碧水环境保护活动

　　综上所述,海洋渔业生产企业,提供海洋渔业生产资料企业,渔业海洋垃圾回收、再利用企业,以及渔业渔具科技创新企业都是渔业海洋垃圾治理中不可或缺的利益相关者。作为渔业海洋垃圾处理的关键利益方,企业肩负着巨大的责任和义务。在处理渔业海洋垃圾的过程中,各企业应当深化与政府、社会团体及其他相关企业的合作与协同,以确保长三角沿海地区的渔业海洋垃圾管理工作能够顺利进行,具体措施如下。

　　(1)企业加强对渔业海洋垃圾协同治理的理解。企业对渔业海洋垃圾协同治理的深刻理解是推动治理工作开展的重要因素。企业应当深刻理解协同治理的目的、重要性及自身在其中的作用和责任,以提高协同治理工作的效率,确保可持续性发展。对于新兴的渔业公司,如舟山渔途休闲渔业有限公司这样的休闲渔业企业是最有代表性的,它们提供了如休闲渔业观光、海钓、餐饮和船舶租赁等多种服务。在休闲的渔业活动中,无论是船员还是游客产生的生产和生活垃圾,都被归类为渔业海洋垃圾。企业本身有责任积极推广政府关于渔业海洋垃圾的政策,并确保船员将垃圾带回并进行分类,同时为游客设置警示标志,以实现有效的协同管理。

(2)在渔业海洋垃圾的协同治理上,企业得到了政府的政策扶持。在处理渔业海洋垃圾的协同治理过程中,政策的支持成为企业参与和推进治理活动的关键。为了鼓励企业更加主动地参与到协同治理中,政府实施了多项政策措施,旨在为企业提供必要的支持和激励。在《长江三角洲区域生态环境共同保护规划》中,明确提出了构建市场化和社会化的推动机制,以激励企业、社会组织和科研机构更加积极地参与长三角地区的生态环境保护工作;在《长江三角洲区域一体化发展规划纲要》中,强调了共同努力加强生态环境的保护,并推动环境的协同治理。

(3)为了追求经济上的益处,企业参与了渔业和海洋垃圾的协同治理。当企业参与到渔业海洋垃圾的协同治理中,它们不仅要履行社会职责,还要确保自己的经济利益不受损害。渔业产生的海洋垃圾直接或间接地威胁到企业的经济利益。这些海洋垃圾的存在会对海洋环境产生不良影响,进一步降低海洋生物资源的质量和数量,从而对渔业生产的可持续性构成威胁。因此,为了保持其生产和经营的环境以及在市场上的竞争力,企业需要积极参与到协同治理中。

(4)企业参与渔业海洋垃圾的协同治理是出于环境保护和社会责任的考虑。当企业参与到渔业海洋垃圾的协同管理中,不仅是为了保护其经济利益,也是为了更好地承担环境保护和社会责任,从而增强企业的持续发展能力。作为社会的一个重要组成部分,企业应当积极地投身环境保护事业,这当然也包括海洋环境的维护和保护。渔业产生的海洋垃圾给海洋环境带来了巨大的污染和损害,因此,各企业应当积极地参与到协同治理中来,以减轻这些垃圾对海洋环境的不良影响,并确保生态系统的完整性和稳定性得到维护。

(三)社会主体参与渔业海洋垃圾治理

社会主体是渔业海洋垃圾多主体协同治理的重要主体之一,主要包括渔民、游客、媒体、志愿者等社会群体。在海洋渔业中,社会大众,特别是渔民,作为最直接的利益相关方,他们在渔业海洋垃圾管理上拥有最大的话语权,并且是最直接的受益方,因此他们应当参与到渔业海洋垃圾治理的每一个环节。从制定渔业海洋垃圾管理政策的公众意见调查、听证会、座谈会,到购买、使用和主动回收海洋渔具,再到对他人、企业、政府等相关实体的行为进行监督,以及对渔业海洋垃圾管理效果的评估和感受,社会主体都扮演着不可替代的角色。在长三角沿海区域渔业海洋垃圾治理过程中,社会公众对海洋环境质量要求不断提高,政治参与意识不断觉醒,也促进了各公益组织与社会自治组织的产生,并在渔业海洋垃圾治理中发挥重要作用。因此,社会主体对渔业海洋垃圾治理产生重要影响。

以浙江省舟山市为例,舟山市很多社会组织已经参与到渔业海洋垃圾治理中。如舟山市绿色海洋生态促进中心对弃置渔具进行处理,对舟山渔场局部典型水域弃置渔具进行调查,与企业联合推出环保型渔用灯标,培育当地女性志愿者团队等来保护海洋环境。舟山市蓝海公益服务发展中心通过科学放鱼小课堂的形式为公众普及海洋生物多样性知识,与渔民一起开展海洋减塑行动,不定期组织净滩活动,为海洋保护尽自己的一份力。详见表 4-3。

表 4-3　长三角沿海区域部分有关渔业海洋垃圾治理社会组织及其行动

地区	社会组织名称	渔业海洋垃圾治理行动
上海市	上海仁渡海洋公益发展中心	海洋垃圾的清理、研究,环保教育和海洋公益行业能力建设
	复旦附中国际部净滩小组	组织学生志愿者定期开展净滩活动
	绿动未来环保公益平台	建立一个集众筹、项目、活动、社团于一体的交流服务平台
浙江省	宁波市北仑区志愿者协会岩东环保志愿服务大队	多次组织、参与各项志愿服务活动
	温岭市吉祥石塘志愿服务队	默默守护海岸线 9 年
	舟山市千岛海洋环保公益发展中心	多次发起净滩活动,组织志愿者一起进行海洋保护
	温州市绿眼睛环境文化中心	致力于保护动物,打击犯罪和促进公众参与环境运动
	舟山市蓝海公益服务发展中心	通过开展与海岛新区海洋公益事业相关的社区营造活动,建设"共建共享共治"的新型海岛社区
	嵊泗县彩虹环保志愿者协会	发起"幸福黄龙　海好有你"净滩行动,并每周定期举行净滩活动
	舟山市岱山县长涂镇金银渔嫂协会	发出海洋垃圾带回港的倡议,并对渔民带回的渔业海洋垃圾进行分类处理
江苏省	连云港市清洁海岸志愿服务中心	组织连云港各地进行净滩活动
	启东市环境保护志愿者协会	主要参与海滩垃圾科研监测、河道水质监测、垃圾分类等环保公益项目

社会主体作为渔业海洋垃圾协同治理过程中的参与者与监督者,其行为在长三角沿海区域渔业海洋垃圾协同治理中也是关键的影响因素,各个社会主体通过不同的方式参与渔业海洋垃圾治理,为长三角沿海区域渔业海洋垃圾的治理贡献出自己的一份力量,主要体现在以下方面。

(1)社会的各个领域都在加深对渔业海洋垃圾共同管理的认识。尽管社会各领域对于渔业海洋垃圾的协同治理有各种各样的看法,但普遍的呼声是需要加强对海洋环境的监管,并致力于保护人类的生活环境。随着时间的推移,大众对渔业海洋垃圾的协同治理的了解逐渐加深,他们更加深刻地认识到海洋环境对于人类生活和进步的关键作用,因此对海洋垃圾的治理也提出了更为严格的标准。公众期望政府、各大企业、学术研究机构等能够齐心协力,强化治理力度,致力于海洋环境的保护和人类生存环境的维护。

(2)在渔业海洋垃圾的协同治理中,社会的各个领域都应该充分地行使决策参与权。作为垃圾处理过程中的一名参与者,社会主体拥有一定程度的发言权,并在协同治理活动中拥有充分的权利来表达自己的观点、提出利益诉求以及维护自己的权益。广泛的社会大众对于垃圾治理问题持有高度的关注和敏感度,他们可以通过多种方式来表达自己的观点和需求,例如,他们可以参与公共听证会或提供建议和意见;通过媒体等多种途径,有可能引发社会各界的广泛关注和支持;还可以借助法律手段,确保自己的权利和利益得到维护。

(3)在推进渔业和海洋垃圾的协同治理上,社会组织和媒体起到了宣传和指导的角色。社会团体在社会事务中起到了关键的角色,它们代表了各种不同领域的利益团体和专业组织。各种社会组织,如企业、民间团体、学术研究机构和广大公众,都是渔业海洋垃圾协同治理的关键参与者和受惠者,并在决策过程中起到了至关重要的作用。如澎湃新闻和腾讯新闻这样的媒体巨头,对长三角沿海地区的渔业海洋垃圾治理活动进行了多次报道。不仅报道了相关的政策和法规,还对各种与海洋保护相关的社会组织活动进行了深入报道,从而起到了宣传和带动作用。

(4)社会团体和媒体在推动渔业海洋垃圾协同治理中扮演着全面监督的角色。社会团体可以通过各种形式的宣传、活动和行动来推动渔业海洋垃圾协同治理工作,引导公众关注海洋环境保护,提高公众的环保意识,提高公众对治理工作的参与度。例如,社会团体可以组织宣传活动、征集公众意见和建议、制订行动计划等,进一步推动渔业海洋垃圾协同治理工作的开展。

(5)社会公众有效参与渔业海洋垃圾协同治理。社会公众在渔业海洋垃圾协同治理中的有效参与是至关重要的。社会公众包括广大市民、志愿者、环保组织、公益团体等,他们对环境保护和社会责任具有较高的敏感度和关注度,也是渔业海洋垃圾协同治理的推动者和最终受益者。近年来,长三角沿海区域涌现出许多海洋保护志愿服务团队,他们通过各种主题的净滩活动、海洋物种保护宣传活动及垃圾回收分类活动,一起参与长三角沿海区域海洋保护。

第二节　长三角沿海区域渔业海洋垃圾多主体协同治理现状及实践

党的二十大报告强调,要尊重自然、顺应自然、保护自然,这是全面建设社会主义现代化国家的内在要求。海洋与渔业资源是我们赖以生存的物质基础,是实现渔业经济可持续发展的重要条件。我们要根据自然规律和发展规律制定长三角沿海区域渔业经济发展战略,走渔业可持续发展道路。采取有效措施,保护生态环境和生物多样性,及时防治渔业海洋垃圾污染,维护广大群众的利益。渔业海洋垃圾如何治理是我国在推动高质量乡村(渔村)振兴和建设海洋强国过程中不可避免的问题。随着我国海洋渔业的不断发展,渔业海洋垃圾的问题日益突出。渔业海洋垃圾作为海洋垃圾中重要的一部分,对海洋生态环境、海洋渔业生产、人类身体健康等都有重大的危害,应当引起人们的重视。

协同治理理论与渔业海洋垃圾治理在以下三方面存在内在逻辑的契合:①海洋环境的本质属性要求多主体协同治理。海洋环境具有公共性、非排斥性和非竞争性,因而容易造成"公地悲剧"。②渔业海洋垃圾污染的外溢性要求多主体协同治理。渔业海洋垃圾污染带来的危害是由整个社会共担的,在各主体间存在不可分割性。③各主体治理的有限性要求多主体协同治理。在渔业海洋垃圾治理领域中的各主体既有其内在优势又有一定的局限性,仅靠单一主体的力量远远不够。因而,在协同治理视域下研究渔业海洋垃圾治理有其合理性。

一、长三角沿海区域渔业海洋垃圾多主体协同治理基本情况

(一)制度创新成为长三角沿海区域政府协同治理的主要动力

1.渔业海洋垃圾治理的法治保障

国家层面涉及渔业海洋垃圾治理的法律、行政法规及规章包括:《海洋环境保护法》规定不得将船舶垃圾和其他有害物质排入海中;《防治船舶污染海洋环境管理条例》对渔船等船舶所产生的垃圾向海洋丢弃做出了限制,对任何单位和个人向海域排放陆源污染物,超过国家和地方污染物排放标准的,必须缴纳超标准排污费,并负责治理;《关于开展"湾长制"试点工作的指导意见》指出在部分省(市)进行"湾(滩)长制"试点,禁止渔业作业将生产生活垃圾倒入海洋,并且开展

海漂垃圾、海滩垃圾和海底垃圾清理工作;《关于加快推进水产养殖业绿色发展的若干意见》提出要对水产养殖进行科学化管理;《关于进一步加强塑料污染治理的意见》指出各地区要进行规范化的渔具处理。政府还出台了有关长三角沿海区域发展的一系列相关政策文件和规划,如《长江三角洲区域生态环境共同保护规划》《长江三角洲区域一体化发展规划纲要》《上海市海洋"十四五"规划》等,这些政策文件和规划对渔业海洋垃圾治理的目标、措施、责任和监管等方面作出了规定。长三角各沿海省市地方性法规及规范性文件中对渔业海洋垃圾治理作出了明确规定,如《上海港船舶污染防治办法》规定船舶应当对垃圾进行分类收集和存放,禁止船舶向水源保护区、准水源保护区和海洋自然保护区等区域排放生活污水、含油污水和压载水;《舟山市港口船舶污染物管理条例》对渔业海洋垃圾的分类管理、转移处置、保障措施、法律责任等均做了明确规定;《连云港市海洋牧场管理条例》规定从事海水养殖的,应当科学确定养殖密度,合理投饵,防止造成海洋环境的污染。

建立实施湾(滩)长制运行机制。长三角沿海区域构建湾(滩)长制四级组织体系,制定实施推行湾(滩)长制,其中明确了各级湾(滩)长的任务和职责。制定了《湾(滩)长巡查管理制度》和《部门联席会商制度》等,定期召开工作推进会,对检查中发现的问题进行及时整治并且跟踪督办,同时注重发挥社会力量,推选民间湾(滩)长。负责对入海排污口和重点企业行业进行规范化整治、海岸线整治与修复、海洋生态环境执法监管等工作;实施环保督察制度:市委、市政府将督察整改作为"一把手"工程纳入"七张问题清单",市委、市政府主要负责人员切实履行生态环境保护第一责任人职责,制定专地专项督察整改方案。借助省委对生态环境保护进行的专项督察,防止问题反弹回潮等。这些制度都为长三角沿海区域渔业海洋垃圾治理提供了一定的制度保障。

2. 发展绿色金融,规范企业行为

积极推行各种金融政策来调动相关企业参与渔业海洋垃圾治理的积极主动性,如"绿色金融信贷""绿色金融产品"等。同时,各市发布环境影响评价的多个方案,市、县(区)生态环境主管部门根据辖区内环评单位评定结果实行红、黄、绿三色赋码分类管理,并将评定结果每季度公布一次。这可以对相关企业进行警醒提示,促进企业更加规范自己的相关行为,并主动参与渔业海洋垃圾多主体协同治理。2021年长三角生态绿色一体化发展示范区执委会印发《长三角生态绿色一体化发展示范区绿色金融发展实施方案》,明确指出将长三角一体化示范区打造成绿色金融产品和服务创新的先行区、气候投融资和碳金融应用的实践区、绿色产业和绿色金融融合发展的试验田。在推动证券市场支持绿色投资方面,支持发行以绿色发展、碳达峰碳中和为主题的地方债、企业债、公司债、跨区域集合债和非金融企业债务融资工具等绿色债券,支持上海证券交易所在长三角一体化示范区设立资本市场服务站,为绿色企业上市挂牌提供便利服务。

3."湾(滩)长制"成为渔业海洋垃圾治理的重要制度

2017 年,国家海洋局印发《关于开展"湾长制"试点工作的指导意见》,浙江省和江苏省连云港市成为第一批"湾长制"试点地区,湾(滩)长制是目前长三角沿海区域渔业海洋垃圾治理的主流方式。截至 2019 年底,江苏省已实现湾(滩)长制全覆盖。2017 年 7 月,浙江省出台《关于在全省沿海实施滩长制的若干意见》,"湾(滩)长制"的组织建构和具体执行工作在浙江各沿海地区展开。浙江省的"湾(滩)长制"可以分为两个层面:县级及县级以上设置"湾长",乡镇(街道)、村及部分县设置"滩长"。"湾长"主要负责制定规划及监督执行情况,由市、县的党政领导担任,"滩长"则负责具体工作的执行,由乡镇党政领导及村级干部担任。浙江省已建立滩湾结合的组织架构,因地制宜,塑造"湾(滩)长制"典型。长三角沿海区域湾(滩)长制进展情况详见表 4-4。

表 4-4　长三角沿海区域湾(滩)长制进展情况

地区	湾(滩)长制进展中的特色
温州市	已建成三级全域覆盖网,推动以海洋综合管理为主的湾(滩)长制
舟山市	建立"一滩一制"档案资料和台账,全市湾(滩)长累计巡湾(滩)1 万余次
宁波市	确定乡镇(街道)、重点村"滩长",建立"周督察、旬通报、月总结"制度
台州市	温岭市实现对港口码头、重要岸滩的远程监控;临海市使用无人机巡滩
嘉兴市	平湖市在海岸线全线推行"滩长制",打造海洋渔业"滩长时代"
连云港市	开发"湾长通"App,基层巡湾员每天生成巡湾日志并实时上传岸滩影像信息

4.浙江舟山海上环卫制度创新

浙江省舟山市探索建立"海上环卫"工作机制,这是针对舟山沿岸沙滩、港口众多,海洋污染治理压力较大的实际探索创新的机制,舟山市组建常态化"三支队伍",推行四级监督考核机制,有效治理了岸滩和近海海洋垃圾。舟山市以"打造舟山美丽海湾,建设现代海洋城市"为契机,出台了《舟山市建立海上环卫工作机制实施方案》,构建起以源头垃圾管控为基础、以湾滩问题巡查和垃圾清运处置为重点的"海上环卫"工作机制,完善了部门联动、日常监管、长效保洁三大工作机制,为建立国家"海上环卫"机制提供了舟山样板。舟山市在实施海上环卫时主要有以下几点制度创新。

(1)行业与属地管理相结合,落实责任体系更紧密。

一是落实湾(滩)保洁属地责任和考核机制。全市划定湾(滩)321 个,涉及岸线总长度 942 千米,配备各级湾(滩)管理人员 409 名,建立了市、县(区)、乡镇(街道)、村四级湾(滩)管理组织体系,海滩垃圾海上(海滩)收集、岸上处置体系基本形成,同时建立四级监督考核机制,层层落实分片包干,强化属地管理,建立符合当地实际的湾(滩)垃圾发现、清理、收运长效机制和监督考评制度。

二是将港口、海岸垃圾治理纳入城市精细化管理体系。城市管理、海洋渔业等部门各司其职,港口、码头、酒店等垃圾治理由行业管理单位负责,形成源头减量、治污保洁、清理转运全链条的岸滩垃圾治理格局。2022 年以来,市城管局新增分类收运车辆 6 辆;市海洋与渔业局在全市二级及以上渔港设立了固体废弃物、船舶污水、污油集中收集点;市交通运输局强化监督水路客运站船舶生活垃圾接收工作落实情况;市港航和口岸管理局严查船舶污染物接收过程中的违法行为;海事局通过船舶水污染物监管与服务信息平台实施船舶垃圾接收、转运、处置全链条闭环联单管理;市治水办、市生态环境局牵头成立工作专班,遇到问题及时协商推动解决,确保海上环卫工作机制落地见效。

三是创新实施项目,提升海、岸垃圾收集处置效能。普陀区实施"渔港渔船污染物智能化防治项目"(海洋云仓),协同政府监管部门通过"海洋云仓"后台数据分享,进行全流程、全方位可视化管理,采用"区块链"技术,解决单据凭证追溯难、监管单位权责交叉的堵点问题,实现船舶污染物的网络化收集、规范化贮存、靶向化运输、集中化处置、全流程监管。新城管委会推进"新城区域滩涂(新增)保洁及滩涂油污应急处理项目",以购买服务的方式进行湾滩保洁,保洁覆盖全域,保洁滩涂长 30 余千米。嵊泗县强化了贻贝养殖所需泡沫浮球的有奖替代工作。

(2)源头管控与日常保洁相结合,海岸湾滩治污更精准。

一是"三突出"强化源头管控。突出严控陆源垃圾入海,依托"河(湖)长制",加强巡河管护,及时打捞河湖漂浮垃圾,有效减少河湖垃圾入海。依法严厉打击向海洋倾倒废弃物的违法行为。突出加强渔业、养殖废弃物和海上旅游观光生活废弃物的收集和集中处理,限制或禁止水产养殖农业塑料设施的使用。开展养殖泡沫浮球替换工作,并将替换的渔业废弃物统一回收到高潮线以上场地集中规范处置,切实减少海面"白色垃圾"。突出减少船舶垃圾入海,落实《舟山市港口船舶污染物管理条例》,督促各类海上船舶配置使用生活垃圾收集设施,各个港口码头配套建设垃圾收集和转运设施,实现生活垃圾海上统一收集、岸上集中处置;以"海洋云仓"模式促进船舶废水、废物、垃圾的集中收集和回岸处理;船舶垃圾收集情况实施"三色码"管理制度,形成源头管控闭环机制。

二是"三支队伍"强化日常保洁监管。落实海上环卫工作机制,实现湾滩长效保洁,既要抓陆源垃圾入海及海漂垃圾的防控,又要抓湾滩垃圾的清运和保洁,特别是在湾滩问题巡查整改、海漂垃圾打捞、垃圾清运处置等主要环节均需要大量的人力支撑和保障。为此，自海上环卫工作机制启动以来，舟山各地高度重视海上环卫工作机制"三支队伍"建设，先后组建了湾滩问题巡查整改队伍、海漂垃圾打捞队伍、垃圾清运处置队伍。据统计，目前全市共有湾滩问题巡查整改人员 264 人、海漂垃圾打捞人员 200 人、垃圾清运处置人员 261 人，累计清理、处置岸滩和近海海洋垃圾约 1.9 万吨。

三是科技巡航抓好三个环节。2021 年，舟山市实施"清海净滩巡护项目"，对本岛区域 92 个湾滩、26 个排污口实施每月 2 次的全方位无死角无人机实时监控，全面收集湾滩水质、污染源、排污口等信息，实现湾滩状况实时呈现、具体数据实时更新，并及时将成果应用于问题反馈和成效整改，形成发现、督查、反馈闭环机制。问题湾滩比率从 2021 年的 61.4% 下降到 2022 年 10 月的 19.6%。在问题发现环节，委托第三方采用无人机对湾滩、入海排污口等每半月进行 1 次逐点巡查监测，对航拍或现场调查发现的问题影像资料进行分析研判，出具巡查报告和问题清单。在问题交办环节，根据动态巡查结果和问题清单，按"门前三包"原则区分责任单位，交办责任单位，提出整改意见和建议，定期暗访检查。在整改反馈环节，要求问题清单交办后一周内整改到位，难度较大的可顺延一周整改。问题整改前后对比照片按时间节点反馈至市治水办。

（3）购买服务与志愿服务、专业服务相结合，长效常态管理更精细。

一是政府购买服务。为确保海上环卫海漂垃圾打捞、湾滩问题巡查整改、垃圾清运处置"三支队伍"的相对稳定性、高效性，弥补属地政府组织或民间组织的志愿义务巡查湾滩、打捞海漂垃圾等行动难以长期坚持及效率难以保证的不足，近年来各地县（区）、功能区管委会大胆创新环卫工作模式，以购买服务的方式公开招投标引入第三方公司，较好克服了"长效保洁"的薄弱环节。主要特点有：一方面，属地政府与中标保洁公司权利、义务划分清晰，避免政府购买相关海上环卫装备，降低整体社会管理成本；另一方面，保洁范围、标准等事项约定明确，日常监管、定期考核等与经济利益挂钩，保洁服务质量得到机制性保障。如新城管委会实施"2022 年新城区域滩涂（新增）保洁及滩涂油污应急处理项目"后，对新城南部沿海全部滩涂、长峙岛周边所有滩涂及其他新城区域所有住人岛屿的滩涂，以政府购买服务方式实现了高标准"长效保洁"全覆盖。

二是支持参与志愿服务。海上环卫工作以行业主导管控、政府购买服务为主的同时，大力培育"民间湾滩"志愿者队伍，鼓励志愿者队伍开展净滩行动，支持帮助志愿者队伍（如"千岛海洋公益团队"）开展净滩行动。该志愿者团队拥有在"志愿汇"上登记的志愿者合计 1318 人（主要负责人获评生态环境部全国最美生态环境志愿者），参与推动创建地区文明示范湾滩 11 个。结合建设美丽舟山和渔农村环境综合整治行动，定期发动干部群众和志愿者组织开展海滩垃圾攻坚整治,集中清理海岸带及近岸潮滩垃圾。自 2020 年 11 月以来,以市治水办组织开展的净滩志愿服务活动为例,9 个部门代表、志愿者共同参与海滩净滩行动,先后参与 9972 人次,巡护保洁岸滩长度 73265.5 千米,清理了 23 个湾滩的垃圾,总计 2482.5 吨,其中塑料垃圾 850.3 吨。

三是科技赋能专业服务。由舟山海事局和舟山市港航和口岸管理局牵头、其他监管部门参与,2020 年 10 月建立了"船舶水污染物监管与服务信息平台"。该平台自上线以来,大幅提升了舟山市船舶水污染物联合监管信息化水平,完善了船舶水污染物闭环监管体系,整合了船舶水污染物接收联单、转运处置联单、危险废物转移联单,实现了联单电子化、数据共享化与统计自助化。每年通过该平台进行船舶垃圾接收、转运、处置 8000 吨左右。

5.浙江岱山无废渔船制度

从大海到陆地,"海陆全覆盖"的垃圾分类引领着海岛人民走向低碳生活新时尚;从家门口到企业中,循环经济理念让工业垃圾、生活垃圾实现资源化、无害化处理;从乡村到城市,清洁生产让海岛变身为大"花园"。浙江省岱山县在全面创建"无废城市"海岛样板的道路上交出一份亮眼答卷,坚持以"创新、协调、绿色、开放、共享"的新发展理念为引领,立足当地,探索创新,努力为"无废城市"建设提供岱山元素,展现岱山特色。积极探索打造"无废渔船"特色载体,坚持漏点、难点、盲点问题攻坚,致力于渔船污染物收集、贮运能力和渔民海洋环境保护意识与全县渔船污染物收集、贮运能力的提升,自觉保护海洋环境资源,持续巩固绿色渔业发展体系,实现渔业增产增效和海洋环境保护的双赢。

(1)"无废渔船"创建推动源头减量。

舟山市生态环境局岱山分局协同岱山县美丽办、岱山县海洋与渔业局以及长涂镇、东海湾渔业专业合作社共同成立"无废渔船"建设帮扶小组,遴选首批 4 艘渔船创建"无废渔船"单元试点。通过高位推动,落实"无废渔船"的建设任务、职责分工和资金保障,结合船上污染防治要求,制定明确、详细的建设指标和评分标准。充分发挥东海湾渔业专业合作社的领导、统筹和协调能力,作为实施主体对管辖范围内的 4 艘渔船率先开展试点工作。先后出台渔船合作社规范化建设相关指导意见,成立"无废渔船(合作社)"运行管理组织机构,明确职责,落实任务,形成了一套完整的管理模式。

(2)科技创新赋能强化处置能力。

将传统渔业与现代环保科技有机结合,对渔船进行"无废"升级,从新设备源头减少渔船各类垃圾直排入海,全县形成海洋垃圾"分、收、集、运、处"工作链。岱山县 1800 余艘渔船上均合理配置垃圾分类收集容器,积极开展海上垃圾分类。在渔船机舱间安装油污分离装置和油污水储存柜,港区接收点位均被纳入视频监控,并与渔业部门联网,进一步提升信息化监管水平,依托县小微企业危废收运平台实现各类危险废物合法转运收集。在 4 艘试点打造的"无废渔船"上,安装量身定做的渔船厨余垃圾粉碎设备,确保符合公海排放公约,合规排放。长涂镇试点将拖网、张网需要的网标灯更换成太阳能网标灯,2022 年共向当地渔船投放太阳能网标灯 300 余套,全面取缔干电池网标灯,每年减少使用上万节干电池。

(3)渔民渔嫂联动促进垃圾回港。

推广实行"渔民出海带回垃圾,渔嫂岸上分类处理"的联动新形式。建成以 60 余艘捕捞渔船为先锋队,长涂金银渔嫂协会为重要支撑和主阵地的"无废"构架,由协会牵头与渔船签订"海上垃圾分类承诺书",针对干电池、塑料瓶、废蟹笼等各类可资源化利用垃圾实施统一有偿回收。舟山市"东海渔嫂"充分发挥"半边天"作用,利用休渔期深入街头巷尾、码头甲板,宣讲海洋垃圾危害、垃圾分类等知识;向渔民家庭普及海洋环境保护的相关知识,将垃圾分类理念深入每一户渔民家庭,不定期开展渔港巡查和净海净滩行动,带动海岛居民关注和参与海上垃圾分类,实现海洋环境"洁、净、美"。

6. 台州海洋云仓

船舶污染物作为海洋第二大污染源,主要分为含油污水、废矿物油、废铅酸电池等几大类,回收处置这些污染物是全球性难题。2022 年浙江省人民政府印发《浙江省美丽海湾保护与建设行动方案》,要求推广建设"海洋云仓"船舶污染物防治系统。随后,台州市生态环境局椒江分局召开船舶污染物数字化治理方案"海洋云仓"新闻发布会。"海洋云仓"船舶污染物防治系统采用"物联网＋区块链"技术,有效链接船舶污染物"产生—接收—储存—转移—处置"的全流程,实现多主体协同的闭环治理,提高海港生态治理的现代化水平。从源头做到了监测信息化、收集网络化、存储减量化、运输统筹化、处置集中化、监管统一化、运作市场化,相比传统的政府大包大揽建设方式,减少了约 50％的治理费用。

(1)"点链网"构建污染防治综合体。

一是搭建"海洋云仓"港口处理点。在中心渔港设立 1 个集中预处理中心,即"海洋云仓",建设四类独立运转"小云仓"模块,做到对所有海域污染物进行分类回收,实现渔船污染物网络化收集、规范化贮存、靶向化运输、集中化处置、全流程监管。该治污模式覆盖全区渔船,预计每年可为每艘渔船节省治污成本 5000 元,治污效率提升约 50％。

二是搭建"电子联单"船舶跟踪链。搭建"物联网＋区块链＋大数据"联管平台,将各类要素信息协同对应,链接水污染物收集、贮存等多个环节。该平台可自动获取污染物接收、入仓等多环节印证,保证数据真实,不被篡改。同时,根据每个环节的流转情况生成可视化"电子五联单",即对船舶型号、航行时间、航行轨迹、产污总量、处污环节等动态数据进行录入和分析,并精准推送至主管部门,实现部门联动。改革后,水污染物转移处置审批从传统的"群众跑"变成"数据跑",简化手续环节17个,节省办事时间约1小时,实现零次跑、零纸质材料。

三是搭建"天地一体"近岸监测网。开发"环保全生命周期一件事"数字综合系统,利用无人船声呐探测、无人机红外巡航、空中激光雷达、3D实景数字建模等技术,建立"天地一体"环境监测网,对近岸企业排放污染物的总量和浓度实行全天无死角监测,实现"监测—取证—分析—报警—处置"全自动,实现污染可追溯、过程可还原、数据可监控。开展"守卫椒江口"系列整治行动,整改后,新腾出沿岸沿江可利用空间2700平方米。

(2)"数字+"拓展服务应用延伸链。

一是"数字+滴滴快船"推进节本治污。通过"天地一体"近岸监测网数据,统筹规划污染物最佳运输路线,建立"产污端下单—运污端接单—处污端处理单"的流程。引入市场竞争机制,将各类社会闲余船舶运力纳入污染物接收体系,通过系统平台发布接收、运输、处置信息,建立"滴滴快船"抢单运行模式,形成良性有序竞争。引入数字接单模式后,政府投入资金同比下降约34%。

二是"数字+东海驿站"促进便民利民。建立"东海驿站"综合服务平台,提供一站式便民利民服务。打造"生产补给+渔获交易"的"海洋超市",完善渔业供应链,拓宽水产品销售渠道。渔船出海前,平台在线提供各类捕捞渔具、船舶维修设备、生活保障物资等,实现线上预约购买,线下配送上船;渔船捕捞回港后,依托平台帮助渔民打通销路,减少中间环节,严格落实"船港通"赋码溯源,增加渔获物附加值和品牌效应。

三是"数字+渔民信用"助力降本增效。探索构建渔民数字化信用体系,建立渔民信用评价机制。根据渔民在污染防治、安全监管、作业规范、赋码溯源等方面的信息,运用算法模型,综合评定渔民信用分,并对信用分高的渔民在惠民政策上给予倾斜。针对每年5—9月东海休渔期渔民面临的问题,与多家银行保险机构开展合作,参考借鉴渔民信用分,创新推出"渔易贷""渔易保"等不同金融产品,差别化设置贷款额度及利率,进一步降低渔民融资成本,有效解决休渔期回笼资金难、贷款难等问题,获得渔民一致好评。

(二)倡议共同参与成为社会主体协同治理的主要手段

社会力量的参与当前主要为在社会组织动员下公众的参与,如"净滩"活动。长三角各沿海地区越来越多地成立了海洋环保组织。上海仁渡海洋公益发展中心专注于海洋垃圾的公共议题,业务内容不仅包括海洋垃圾的清理和公众的宣传教育,还包括海洋垃圾的研究和海洋公益行业能力建设,主要项目有"守护海岸线""爱我生命之源"等。舟山市千岛海洋环保公益发展中心探索多岛屿联动机制,一岛一驿站,让当地人解决当地问题;进行海洋垃圾的监测,对渔民等进行调研,形成调查报告,为渔业海洋垃圾治理的研究工作及政府部门的治理工作提供依据;开展公众环保教育,组织校园环保课程、千岛观影会、"发现家乡之美"千岛公益行等活动。舟山市"东海渔嫂"通过"垃圾不落海"活动助推渔业海洋垃圾治理,渔民出海将垃圾带回,渔嫂在岸上将垃圾分类整理。民间公益力量的加入为海洋垃圾治理提供了一定的帮助。详见表 4-5。

表 4-5　长三角沿海区域部分海洋环保组织情况

地区	社会组织
上海市	上海仁渡海洋公益发展中心、勺嘴鹬在中国、无境深蓝潜水员海洋保护联盟、海上慈怀公益梦想园、牵手上海志愿者工作服务中心、自然萌(上海)教育科技有限公司、上海浦东一苹生物多样性研究中心、上海市海洋湖沼学会、X-Young 拓展团建工作室、复旦附中国际部净滩小组、绿动未来环保公益平台、中国水产科学研究院东海水产研究所
江苏省 (连云港市、盐城市、南通市)	连云港市红旗义工爱心之家、连云港市清洁海岸志愿服务中心、启东市环境保护志愿者协会
浙江省 (嘉兴市、杭州市、绍兴市、舟山市、宁波市、台州市、温州市)	舟山市千岛海洋环保公益发展中心、宁波市北仑区志愿者协会岩东环保志愿服务大队、宁波市绿色科技文化促进会、温州市新时代青年社会组织服务中心、温岭市青年志愿者协会、温岭市朝阳志愿者服务中心、温州市绿眼睛环境文化中心、浙江省绿色科技文化促进会、中国志愿者舟山爱心同盟、自然之友平湖小组、舟山市普陀区六横海蓝社会工作服务中心、舟山市携手志愿者服务中心、温岭市吉祥石塘志愿服务队、浙江海洋大学海洋环保协会、阿里巴巴公益基金会、自然资源部第二海洋研究所、浙江省海洋水产研究所、舟山市蓝海公益服务发展中心

1. 公众环保意识提升,自觉参与海洋净滩活动

近年来,随着全球海洋污染问题日益突出,渔业海洋垃圾治理成了一个备受关注的议题。在这个过程中,社会各界发挥着越来越重要的作用,社会公众积极参与长三角沿海区域渔业海洋垃圾治理。公众不仅因环保意识增强而减少了废弃物的产生,同时积极参与公益组织举办的与渔业海洋垃圾治理相关的志愿活动,如海滩清洁、垃圾回收、放生等。舟山市蓝海公益服务发展中心与浙江海洋大学蓝海大学生社区工作室的大学生志愿者一起发起"守护海岸线"净滩活动,利用课余时间在周边海域海滩开展净滩活动,在活动中向志愿者宣传环保的重要性,进行海洋垃圾知识科普,很多渔民、游客受到影响也加入净滩活动;舟山市

"东海渔嫂"也会利用闲余时间进行垃圾捡拾及垃圾分类处理,同时通过手工、绘画、编织等工艺对捡拾的垃圾进行二次利用,为渔业海洋垃圾治理尽自己的一份力。这些社会主体的积极参与,对长三角沿海区域海洋环境的保护起到了重要的促进作用,有效推动了海洋垃圾治理工作。同时,提高了社会公众对海洋环境保护的认识和重视,促进了社会公众环保意识的提高,进一步推动了社会的可持续发展。

2.学校和研究所组织宣教,提供智力技术支持

长三角沿海区域的学校与研究所都加入渔业海洋垃圾治理中,如上海海事大学与上海海洋大学的志愿者是海岸线净滩志愿者的主力军,他们为上海部分沿海地区海面进行垃圾清理,同时开展垃圾分类整理的宣传工作,为渔业海洋垃圾治理尽自己的一份力;舟山市水产研究所、浙江海洋大学是舟山市渔业海洋垃圾治理的"智囊团",他们在积极参与治理活动的同时,在活动中积累经验和数据,进行科学研究和分析,为舟山市渔业海洋垃圾治理提供人力资源、技术支持。

3.社会组织有序发展,不断拓宽参与治理渠道

近年来,长三角沿海区域涌现出一批批保护海洋的环保公益组织。如上海仁渡海洋公益发展中心发起"蓝色小侦探"活动,这是专为7~12岁亲子家庭设计的净滩活动,活动主题聚焦海洋保护、海洋垃圾污染,开展过程中融合了自然教育和保护教育,活动后通过线下的持续跟踪、扩大倡导,影响参与者的认知和行为。舟山市也不断涌现出以舟山市千岛海洋环保公益发展中心为代表的公益组织,从社会组织参与海岸垃圾治理情况来看,社会组织主要通过两种方式参与舟山市渔业海洋垃圾治理:一是开展宣传教育,提升民众的环保意识。他们以小课堂、宣讲会等方式对渔业海洋垃圾的概念、危害、回收等进行宣传,与学校、政府等形成合作,极大地提高了学生、村民(渔民)的海洋环保意识。二是招募志愿者,开展形式多样的净滩活动。不仅有传统意义上的净滩活动,还有各种以团建形式开展的诸如破冰、亲子等主题活动,极大地丰富了净滩活动的内容和形式,扩大了参与人群。在长三角沿海区域渔业海洋垃圾治理中,社会组织的力量不容小觑,舟山市"东海渔嫂"自觉组织海滩垃圾清理、船用废电池回收、塑料瓶高价回收等项目,使舟山市"垃圾不落海"成为舟山渔民新风尚。社会组织开展的各项活动,让更多的人参与渔业海洋垃圾治理,拓宽渔业海洋垃圾治理的参与渠道。

4.社会媒体不断壮大,极大促进了公众监督

随着互联网的普及,各种媒体蓬勃发展,除当地日报等官方媒体外的自媒体组织不断涌现。近年来短视频和网络直播的燎原式发展,更加拓宽了公众对渔业海洋垃圾治理的监督路径。社会媒体对渔业海洋垃圾治理相关政策、制度等

的宣传、普及与引导,增加了公众对渔业海洋垃圾相关政策和制度的了解,同时能够使公众学习到渔业海洋垃圾的相关知识。媒体对治理优秀行为及成果的宣传与赞扬,能够带动更多企业和个人参与渔业海洋垃圾治理工作,提高参与者的积极性,有利于公众监督其他主体行为、反馈意见和建议、引导正确舆论方向。

(三)循环经济成为企业协同治理技术路径

1.加快转型升级,落实减塑政策

长三角沿海区域地方各级人民政府办公室相继印发关于渔业海洋垃圾处理和海洋保护的相关文件,旨在推进城市垃圾减量、分类、资源化利用、无害化处理,其中特别强调了要加强海洋废弃物治理工作,提升海洋污染防治能力。各企业对相关政策的执行动作迅速,纷纷采取行动减少塑料物品的使用和提供。这一做法有助于降低塑料废弃物对海洋环境的危害,促进了生态环境可持续发展。为了更好地推进海洋废弃物治理工作,地方各级人民政府还加大了对违法排放废弃物行为的处罚力度,开展多项海洋环境保护教育活动,增强公众的环保意识和责任感。加快企业自身的转型升级,向绿色企业发展,通过各项措施落实减塑政策。地方各级人民政府也针对废弃渔具的回收和清理制定相关的政策措施。相关企业也对塑料浮子进行改革升级,提高其利用年限,减少其给海洋带来的塑料污染。

2.积极参加净滩活动,落实环保责任

近年来,随着环保理念的逐渐普及,越来越多的企业开始意识到自身对环境的影响,并积极参与到各地区渔业海洋垃圾的清理工作中。这些企业不仅提供资金和物资支持,还积极参与到实际的海洋垃圾清理工作中,充分体现出积极的社会责任感和较强的环境保护意识。其中,一些大型企业更是成立了专门的环保部门或组织,对渔业海洋垃圾的清理工作进行全面、系统的规划和组织,形成了高效的清理机制。此外,一些企业还积极探索和推广可持续的清理技术和方法,既提高了清理效率,又减少了对环境的二次污染。除了企业之外,一些社会组织和志愿者也积极参与到渔业海洋垃圾的清理工作中。总的来说,随着环保理念的深入人心,越来越多的企业、社会组织和个人开始关注和参与渔业海洋垃圾的清理工作,形成了一个良性循环的生态系统,有力推动了海洋环保事业的发展。

3.支持公益事业,回收海洋垃圾

当今社会,环保公益事业已成为全球热门话题。为支持这一事业,越来越多的企业开始以各种方式参与其中。其中,回收海洋垃圾是一个备受关注的重要途径。通过与专业的回收机构合作,这些渔业海洋垃圾相关企业能够帮助清理和回收在海洋中产生的垃圾,从而减轻海洋污染和对生态环境的破坏。回收渔业海洋垃圾不仅有益于环保,还有助于推动渔业的可持续发展。许多企业已经开始将可持续发展视为战略目标,并在其经营决策中考虑环境和社会影响。通过支持海洋环保事业,这些企业不仅能够改善环境质量,还能够增强社会责任感,提升品牌形象,提高消费者的认可度和忠诚度。综上所述,回收渔业海洋垃圾是当下企业参与海洋环保的重要途径之一。长三角沿海地区很多企业都参与到渔业海洋垃圾减塑活动中,如上海睿莫环保新材料有限公司每卖出 1 吨塑料,就会抽出 1 元钱用于舟山市青浜岛的环境保护,同时向青浜岛提供塑料垃圾分类回收的相关先进技术,如缩小塑料瓶回收占用空间的压缩技术等。当地居民表示,该技术很大程度上解决了塑料瓶回收无处可放的难题,不仅降低了回收成本,也极大地增强了当地居民的回收意愿。舟山弘达节能环保科技有限公司也与当地的志愿服务组织一起为社会公益组织的渔业海洋垃圾治理活动提供财力、人力等方面的支持。这些企业的积极参与为海洋环保事业注入了新活力,有效推动了渔业海洋垃圾治理工作,保护了海洋生态环境,促进了渔业的可持续发展。

4.资源化再利用,实现渔业海洋垃圾治理市场化运行

渔业海洋垃圾资源化再利用,是将渔业海洋垃圾进行分类后,部分垃圾可以作为再利用原料,成为再生资源。海洋垃圾资源化主要指的是针对渔业海洋垃圾的资源化。渔业海洋垃圾主要包括废弃的渔网渔具、渔民的生活垃圾及建设中所产生的垃圾。传统的渔业海洋垃圾处理以填埋为主,此类方法应用较为广泛,但是容易造成潜在污染问题,并伴随空间局限性问题。随着渔业海洋垃圾数量的日益增加,垃圾填埋处理方式将逐步被淘汰。而垃圾资源化处理是将垃圾分为不同的类别,并按照不同类别进行再利用,使其成为再生资源。垃圾资源化是未来城市垃圾处理的重要方向,尤其对于中小城市或者县镇来说,采用垃圾资源化处理技术,是一个可行性更高的选择。

二、长三角沿海区域渔业海洋垃圾多主体协同治理的困境与障碍

(一)渔业海洋垃圾治理缺乏监督管理体系

长三角沿海区域渔业海洋垃圾需要各沿海城市共同努力。渔业海洋垃圾治理制度缺乏顶层设计,具体来看,整个制度设计还处在成型阶段,缺乏比较系统的监督管理体系。迄今为止,现有的明确有关渔业海洋垃圾多主体协同治理的规定缺失,缺乏对政府、企业、社会组织和公众参与渔业海洋垃圾治理的职责、权利、渠道、义务等方面的明确规定。同时,渔业海洋垃圾治理过程中的多主体协同监督制度缺失,一方面为部分主体行为越位、缺位提供了可能,另一方面无法对为保护自身利益而不规范、不作为,拒绝参与协同治理的行为实施有效约束。

而协同治理反馈制度的缺失,使得政府在处理渔业海洋垃圾治理中的信息资源缺失、社会力量不积极参与等问题时无所适从,不仅会大大降低渔业海洋垃圾协同治理水平,更有可能导致社会秩序混乱,引发社会危机。

(二)渔业海洋垃圾治理过程中地方政府各工作部门协调联动不充分

渔业海洋垃圾治理的牵头部门为渔业行政部门,还涉及生态环境、水务、港口管理等多个部门,部门联动的欠缺会导致在海洋垃圾治理的执行过程中,权责不够明晰。而且不同部门对渔业海洋垃圾治理的重视程度不同,部分部门投入的人力、物力不足,对渔业海洋垃圾治理的重视程度仍有待提高。参与渔业海洋垃圾治理的工作人员较少,而海洋面积广阔,环境复杂,海洋垃圾数量巨大,渔船众多,因此需要相关部门在渔业海洋垃圾的防治上加大对人力、物力的投入。

(三)渔业海洋垃圾治理公私跨部门协作深度广度不足

渔业海洋垃圾的治理涉及公共部门和社会组织、志愿团体、渔业企业、渔民等。目前的公私合作形式仅停留在表面,欠缺深度的合作,且各部门合作意愿不强烈,公众愿意参与海洋垃圾治理但参与渠道不够畅通(表 4-6)。对渔民和渔业企业的宣传还没有从根本上改变渔民的观念。如舟山在渔业海洋垃圾治理中,虽然为每个渔船配备了垃圾分类桶和水油分离机,但是有些船只并没有使用。渔业海洋垃圾作为一种新型污染,其形成过程涉及多主体、多环节,传统的行政管理模式具有一定的滞后性和封闭性,造成渔业海洋垃圾治理公私跨部门协作深度广度不足,主要体现在以下几方面。

(1)政府治理意识不强。部分地方领导干部没有充分认识到渔业海洋垃圾污染问题的严重性,往往采取“等、靠、要”的消极治理方式。甚至在协同治理中对公众参与采用“走过场”的方式,并不能真正实现公众的有效参与。

(2)地方政府主导意识过强。政府作为长三角沿海区域渔业海洋垃圾协同治理的主导者和监管者,在治理过程中扮演着重要的角色。然而,政府过强的主导意识往往会导致其他利益相关治理主体缺少相应的权益。当政府在协同治理中过于强势时,其他利益相关者的参与和贡献就可能被忽略或者被削弱。这样一来,政府所制定的政策和决策往往无法得到全面和有效的执行。同时,政府缺乏对其他主体的了解也会导致决策失误。政府过于强势,也可能导致利益相关者的抵制,这可能会对协同治理的效果产生负面影响,从而导致治理过程的延误和决策的失败。

因此,在长三角沿海区域渔业海洋垃圾协同治理中,政府应积极发挥引导和协调作用,同时也要尊重和支持其他利益相关者的参与和贡献;应制定科学合理的政策和决策,并与其他主体进行充分的沟通和协商,以达到良好的协同治理效果。

表 4-6　长三角沿海区域渔业海洋垃圾治理公众参与情况

题目	题项	频数	占比
海洋环境满意程度	满意	12	6.19%
	比较满意	33	17.01%
	一般	69	35.57%
	比较不满意	48	24.74%
	不满意	32	16.49%
海洋环境是否迫切需要保护	很迫切,应人人参与	118	60.82%
	迫切,但是是国家的事	41	21.13%
	需要但不迫切	33	17.01%
	不需要保护	2	1.03%
是否参加过渔业海洋垃圾治理公益活动(如"净滩"活动、渔船垃圾接收活动)	经常参加	19	9.79%
	偶尔参加	42	21.65%
	没有参加过	133	68.56%
是否愿意参加渔业海洋垃圾治理公益活动	非常愿意	51	26.29%
	愿意,但没有机会	132	68.04%
	不愿意	11	5.67%
获取海洋知识的途径	网络媒体	155	79.90%
	报刊	44	22.68%
	政府宣传	56	28.87%
	公益组织宣传	106	54.64%
	他人告知	37	19.07%
	其他	13	6.70%
参与渔业海洋垃圾治理的方式	公众参与热线	121	62.37%
	获悉海洋环境质量	129	66.49%
	参加座谈会、宣讲会	97	50.00%
	通过公益组织参加活动	169	87.11%
	自发进行宣传	94	48.45%
	其他	9	4.64%

（四）渔业海洋垃圾治理多主体协同治理机制不完善

首先是多主体协同治理目标认同机制的不完善,不同主体在渔业海洋垃圾治理的不同阶段可能存在不同的目标追求。从企业主体来看,不仅要履行自己的社会责任,更要在协同治理中追求利润;从社会组织来看,不仅要实现自身的存在价值,也要获得更多的人力、财力支持;从社会公众来看,比起满足集体需求,其更愿意追求自身的利益和价值。其次是信息共享机制不畅,各主体间缺少沟通、互动。长久以来,很少有非公共组织参与到渔业海洋垃圾治理中,他们认为社会治理都是政府应该做的,归根到底缺少信息共享平台,导致非公共组织对渔业海洋垃圾治理政策、制度等不了解。对于公众来说,缺少便捷的公众参与沟通渠道是一个大问题,会造成公众对协同治理的认知缺乏,对公众参与流程不清楚。最后是协同治理保障机制不完善,目前协同治理仍处于刚刚发展的萌芽阶段。渔业海洋垃圾协同治理需要系统化、法治化的保障机制,才能为多主体参与提供保障。

三、长三角沿海区域渔业海洋垃圾多主体协同治理的地方实践及体系建设

（一）青浜岛及其渔业海洋垃圾概况

1. 整体概况

青浜岛是长三角沿海区域的一个边远海岛。《全国海岛保护规划》明确了"边远海岛"的权威定义,即一般指交通不便、经济社会基础薄弱的海岛。主要体现为以下三个属性:①地理属性。距离陆地较远且交通不便。②管理属性。往往因其地理位置偏远、经济贫困而处在海岛管理的边缘。③经济属性。在维护海洋权益、促进海岛资源开发和经济发展、改善海岛人居条件等方面具有重要价值。边远海岛作为海洋生态系统的重要组成部分,是维持生态平衡的重要平台,但从地理位置和社会经济角度来说,边远海岛本身条件比较薄弱,如远离大陆、交通不便、基础设施落后等,导致在治理渔业海洋垃圾过程中存在一定挑战。迫切需要持续推进边远海岛渔业海洋垃圾的治理,为促进海洋生态环境保护提供强有力的保障。

青浜岛隶属舟山市普陀区东极镇,位于舟山群岛东部,在舟山本岛东北47.5千米处,属于中街山列岛,为列岛四个有常住居民岛之一,在庙子湖岛东、东福山岛西,属于东海典型的边远海岛,位置偏远,处在东极镇边缘。该岛草青花盛,春夏季一片葱绿,四周海域海水靛青,当地人又称海边为"浜",故名青浜岛。同时,青浜岛是东极镇海滩数量最多的一个小岛,岛略呈长条形,南北走向,陆域面积

1.41 平方千米,滩地面积 2.37 平方千米,海岸线长 10.5 千米。

2. 渔业海洋垃圾概况

青浜岛是一个以旅游业为支柱产业的小岛,作为一个独立的地理单元,垃圾的主要类型包括以下方面。

(1)生活垃圾。青浜岛最多的垃圾,就是该岛常住人口和游客日常生活中产生的垃圾。每年 4—10 月为青浜岛的旅游旺季,岛上产生的垃圾约为 1750～2000 千克/天,是平时的 3～6 倍。生活垃圾以瓶罐(塑料、玻璃和铝)、塑料包装和厨余垃圾为主,海岛食物中海鲜比重很大,因此厨余垃圾中贝壳的比重很大。

(2)渔业生产垃圾。岛上的渔业生产有三种:钓鱼、规模养殖及捕捞业。它们都会产生少量垃圾,没有具体的数据。对在海面上产生的垃圾,渔民认为岛上没有处置的可能,所以会随手扔在海里。

(3)建筑垃圾。岛上虽没有大型建筑工程,但是随着民宿、商业的发展,也会产生装修垃圾,如砖石、木材、各种包装物等。

(4)海漂垃圾。在岛上海滩和岸礁中,随处可见搁浅的海漂垃圾,以塑料瓶、泡沫塑料颗粒、塑料包装为主,风浪大时几天就可将沙滩覆满。2020 年 5 月 12 日"守护海岸线"活动的第三次监测活动数据显示,从数量上看,塑料垃圾占比高达 94.24％。

(二)青浜岛渔业海洋垃圾多主体协同治理研究设计与样本数据分析

1. 研究设计

渔业海洋垃圾治理问题具有典型的复合性。目前,社会多方已经普遍认识到治理渔业海洋垃圾的紧迫性与必要性,也对治理渔业海洋垃圾提出了政策性建议与措施,但对于相关治理主体的资源、手段和能力缺乏影响因素研究,从而难以针对深层次因素性问题去调整和优化渔业海洋垃圾协同治理,改变渔业海洋垃圾协同治理成效甚微的局面。另外,从研究方法上来说,以往对渔业海洋垃圾治理的相关研究大多侧重于规范研究,一定程度上缺乏实证研究。据此,本书在已有研究成果的指导下,基于对浙江省舟山市青浜岛的调研访谈,选择扎根理论研究方法,分析渔业海洋垃圾治理影响因素,阐述现阶段渔业海洋垃圾治理的深层困境,并对此提出针对性建议,以期实现边远海岛渔业海洋垃圾的有效治理。

本研究采用扎根理论的研究方法。扎根理论是 1967 年由美国学者安塞尔姆·施特劳斯(Anselm Strauss)和巴尼·格拉泽(Barney Glaser)共同提出的质性研究方法。简单地说,扎根理论就是由资料中发现理论的方法论,从产生之日起,其使命即"经由质化方法来构建理论"。该方法以丰富的原始资料为基础,在研究伊始带着研究问题,以"自下而上"的逻辑顺序,通过开放性编码、轴心编码和选择性编码三个编码阶段,从原始资料中发现、整理、归纳出概念、范畴,将概念和范畴进行斟酌和浓缩,并在特定情景中建立联系,最终形成模型。通过NVivo软件,对原始资料进行系统的整理和归纳,厘清治理中的复杂关系和情况,进而逐步剖析影响边远海岛渔业海洋垃圾治理效果的因素,并构建影响因素模型。

2. 样本的选择和资料收集

青浜岛隶属舟山市普陀区东极镇,属于东海典型边远海岛,位置偏远,处在东极镇边缘。青浜岛拥有丰富的海洋渔业资源,当地捕捞业、养殖业等兴起,但由于主客观原因,产业活动会产生大量塑料垃圾,体量庞大,部分隐在海中,打捞难度大,是渔业海洋垃圾污染的一大源头。同时,青浜岛是东极镇海滩数量最多的一个小岛,滩地面积 2.37 平方千米,海岸线长 10.5 千米。渔业海洋垃圾在海滩上多沿海岸线平行分布,又因风向和地理成因等影响呈现出数量的不稳定性、季节的变化性,渔业海洋垃圾治理难度大。

研究人员在岛上对渔民、管理人员、公益组织人员、当地居民、游客等不同身份人员进行了抽样,围绕渔业海洋垃圾展开了 20 余次深入访谈。进行录音梳理后,共收集到有效访谈资料 22 份。见表 4-7。

表 4-7 访谈基本资料

编号	类型	具体分类	份数	有效字数(字)
1	渔民	手钓者	1	3288
		放笼渔民	1	7166
		捕捞渔民	1	12758
		养殖渔民	1	11051
2	管理人员	船长	2	7543
		梁会长	1	20235
		郭书记	1	5707
3	公益组织人员	青浜公益创始人海叔	2	17313
		仁渡海洋刘老师	3	4039
		青浜公益专职人员	1	2787
4	当地居民	民宿老板	2	2790
		海漂垃圾打捞员	1	2065
		本土居民	2	3025
5	流动人员	游客	3	3407

3.范畴提炼与模型建构

（1）范畴提炼。

贯穿本研究始终的活动是数据编码，这也是整个研究过程中最关键、最艰难的工作，它是反复、交替进行的。编码大致可分为开放性编码、轴心编码和选择性编码三个阶段。

第一阶段是开放性编码。将原始的访谈数据打散，进行逐字逐句的阅读，并赋予原始语句初始概念，进行重新组合后抽象化归类得到范畴。本研究筛选了22份访谈资料，将其导入 NVivo 软件中，逐字逐句对其中19份访谈资料进行编码，随机预留3份访谈资料用于饱和度检验。通过对原始数据的反复阅读和不断比较整理，得出公共利益、互利共赢等25个概念，总结出主体共识、边远海岛属性等10个范畴。详见表4-8。

表 4-8　开放性编码及范畴提炼

原始资料摘录	初始概念编码	范畴
这就是社会的进步啊，说明人们已经把这些公共区域当作是自己的一种责任了；大家都是联系在一起的，但是大家也承担了一定的责任	公共利益	主体共识
而且他如果在这方面有资助、有一些作为的话，他们自己也可以做广告，对双方都有利；大家都是在这边做生意的，这个岛的环境整洁漂亮一点对自己、对居民好	互利共赢	
这个岛远离陆地，地理位置很偏，垃圾不好处理	地理位置偏远	边远海岛属性
你看那些路灯、路都没人（政府）来修，我不说别的，就说割草的事情，都是我（渔民）自己买来工具，自己找人割的	发展粗犷缓慢	
现在垃圾变多了，环境也差了，有些时候捕上来的不是鱼而是垃圾	生态系统脆弱	
我们靠海吃海，很多人都靠捕鱼为生	经济社会价值	
我们青浜岛矿泉水瓶是最多的。可以联系一下，因为这是他（矿泉水生产企业）应该承担的一个责任；我们是有义务去让周边的环境变得更好的；如果政府不雇了，就没人去打扫了，就涉及海洋垃圾的问题，我们（社会组织）会一起把这个事情（垃圾治理）一步一步往前推	角色责任	主体职责
政府雇人买服务去运送和处理垃圾，企业给点钱赞助，我们当地的公益组织主要是做垃圾回收、海滩清理这样一些工作	组织分工	

续表

原始资料摘录	初始概念编码	范畴
我们现在还没有开过类似这样的会议,比如说公益组织代表、政府代表、渔民协会代表、村民代表等坐在一起开会讨论	交流平台	沟通程度
还有一个呢,就是说(社会组织)同时要去跟政府沟通交流,想方设法要去打动他们,现在这个事情我们是可以做的,可以把这个问题解决得更好	对话机会	
我们(社会组织)每年都会进行垃圾情况的汇总,每次净滩捡了多少垃圾我们都有数据的,我们也可以让政府或者外界一起来看看这个岛的垃圾情况	信息共享	
像在"五一"、国庆节一些节假日前,会有工作人员来看这里的情况,看看垃圾多不多	定期抽查	反馈度
像我们(公益组织)每年都会做年度报告,垃圾处理情况都有记录;政府也要看看运了多少垃圾出去,还剩多少垃圾	成果验收	
我们(社会组织)在公众号上都有年度报告展示,有多少钱赞助、我们怎么用钱、清理了多少垃圾都有记录。我只知道政府花了钱在清运垃圾上,但不清楚到底运了多少垃圾,情况怎么样	信息公开	
政府规定禁止向海里倒垃圾,那些厨余垃圾扔进去还能够喂鱼是不是? 不能这么"一刀切"	工作纠偏	

第二阶段是轴心编码。旨在建立范畴之间的联系并提炼主范畴,重新审视开放性编码得到的 10 个初始范畴,再次阅读原始资料、检查编码过程,通过进一步分析,把一些概念合并在一个更广的主范畴下,共同形成协同治理条件、协同治理过程和协同治理监管等 3 个主范畴。详见表 4-9。

表 4-9 轴心编码提炼

主范畴	初始范畴	内涵
协同治理条件	主体共识	达成深层的治理主体共识,形成开放包容的治理空间,发挥制度优势,焕发市场活力,在治理中实现优势互补
	边远海岛属性	把握边远海岛特殊性,克服边远海岛治理复杂度,保护海洋生态系统,促进海岛社会经济发展
	主体职责	明确治理主体职责,实现人、财、物等物质资源统筹化、系统化使用,避免资源浪费和效率低下

主范畴	初始范畴	内涵
协同治理过程	沟通程度	搭建交流平台,优化信息技术,拓宽政府、企业、社会组织三者间的沟通渠道,加深沟通程度,形成共商共议的交流空间
	合作能力	发挥政府领导和统筹作用,积极调动企业、社会组织等社会力量,培养、提升合作能力,形成互商互协的有效互动
	激励机制	完善奖励惩罚机制,根据治理主体的不同需求制定规范化和相对固定化的激励机制,多手段激发治理主体的主动性和行动力
协同治理监管	问责度	管理部门间明确分工协作,治理行为纳入管理人员考核,能对渔业塑料垃圾治理进行对号问责
	评估度	开展科学渔业塑料垃圾监测,实时掌握数量变化,制定验收指标,实现可视化、可量化验收评估
	监督度	在船只港口安装监控、进行信息登记等,相关执法部门开展强有力的监管和督促,实时实地考察治理现状,进行适时适宜奖励惩戒
	反馈度	发布周期性治理工作报告,向公众公开信息,了解渔业塑料垃圾治理在做什么、做了什么,及时发现问题并进行纠偏

第三阶段是选择性编码。主要是对主范畴进行深入探究,系统处理主范畴之间的关系,从而确定一条"逻辑线"将主范畴关联起来。

经过这三个阶段的编码,我们可以发现,协同治理条件包括主体共识、边远海岛属性、主体职责,协同治理过程包括沟通程度、合作能力、激励机制,协同治理监管包括问责度、评估度、监督度和反馈度。协同治理条件、协同治理过程和协同治理监管各个阶段清晰地揭示了影响政府、企业、社会组织三方主体协同治理渔业海洋垃圾效果的因素。得到上述逻辑线之后,本研究对开放性编码阶段预留的3份访谈资料再进行开放性编码、轴心编码及选择性编码,发现所获得的概念和范畴均已被现有范畴包含,没有获得新范畴。因此,认为本研究达到理论饱和,并建构出模型。

(2)模型建构。

协同治理理论是一种构建在治理理论和协同理论之上的交叉理论,即用协同理论和方法论来指导治理理论的创新和发展,以达到善治目标。国内学者将协同治理定义为"处于同一治理网络中的多主体间通过协调合作,形成彼此啮合、相互依存、共同行动、共担风险的局面,产生有序的治理结构,以促进公共利益的实现"。

　　根据三级编码结果,我们认为:①协同治理条件因素是渔业海洋垃圾治理的内在动力。各主体在基于对边远海岛属性的认知上明确各方职责、形成治理动因的程度越深,协同治理条件就越充分有力,渔业海洋垃圾治理的内在动力就越足。②协同治理过程因素是渔业海洋垃圾治理的重要驱动。政府、社会组织及企业间的互动是治理过程的主要内容,而三者间的互动程度的高低决定了协同治理过程因素的驱动力是否强劲。影响主体互动程度的因素主要有沟通程度、合作能力和激励机制,而沟通程度越深入、合作能力越强大、激励机制越合理,协同治理过程的驱动力就会越强。③协同治理监管因素是渔业海洋垃圾治理的重要保障。问责度、评估度、监督度和反馈度是构成协同治理监管因素的四个维度。四个维度越完善,协同治理监管对渔业海洋垃圾治理的保障效果就越好。据此,我们构建了影响渔业海洋垃圾治理的多主体协同治理因素模型,如图 4-1所示。

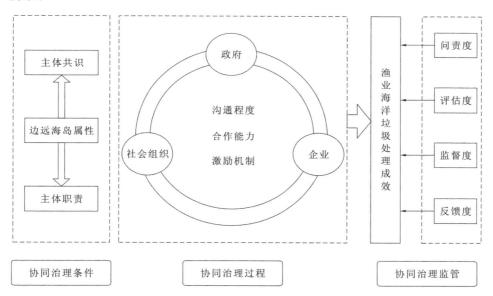

图 4-1　影响渔业海洋垃圾治理的多主体协同治理因素模型

（三）青浜岛渔业海洋垃圾治理多主体协同治理现状分析

1.研究结论

　　在协同治理条件层面上,边远海岛在地理条件、人文环境、管理情况等方面的情况较为复杂,加之政府、企业和社会组织在社会中扮演着不同的角色,具体利益需求上有所差别,需要多方主体认识到根本利益的同一性,明确职责边界,改变以往各主体依靠各自力量实现各自目的的分散局面,不断创新政府治理结构,夯实多主体协同治理的社会基础,形成多主体协同的社会治理空间,为边远海岛渔业海洋垃圾协同治理提供良好的基础条件。

在协同治理过程层面上,主体间互动交流是协同治理过程的关键,协同要有深度、有广度,体现在沟通程度、合作能力和奖励机制等方面。要加深沟通程度,通过多方式多渠道,加强主体间信息共享,保持交流有效通畅;要提高合作能力,发挥政府引导统筹作用,调动全社会协商协作,充分发挥优势互助;要完善激励机制,平衡多主体利益,满足多主体需求,分主体多手段奖励,共享治理成果,同时明确治理规范,制定相关法律,严惩违规违法行为。

在协同治理监管层面上,将协同治理结果转化为治理成效,配置系统性监管工作,对协同治理输出结果进行衡量和反馈。具体来说,可以通过绩效考评、生态评估、实时监控、信息公开等方式对各主体的行为进行监督管理,保证多主体协同治理渔业海洋垃圾专项工作的有效性。衡量治理成果,反馈治理问题;问题及时调整,措施严格实施,实现多主体协同治理的良性运转。

2.治理现状

从协同治理条件来看,青浜岛目前存在治理情况复杂、主体共识淡薄、治理职责模糊等问题。

(1)治理情况复杂。青浜岛属于边远海岛,虽然拥有丰富的海岛渔业资源,但是其产业发展较为粗犷和缓慢,没有产业的带动,当地的经济发展并不十分繁荣,产生的渔业海洋垃圾也在不断破坏当地的生态系统,不处于较强的治理辐射地带。地缘因素不仅成为经济发展的障碍,还造成了管理"致贫"。青浜岛因位置分散和小岛垃圾处理技术有限等,需要将垃圾进行集中化、规模化处理,又因地理位置特殊,垃圾运输存在一定的难度。边远海岛的治理复杂度是构成协同治理条件的客观因素。

(2)主体共识淡薄。政府、企业和社会组织三元主体在治理中还缺乏深层共识,主要体现在青浜岛的渔业海洋垃圾治理实例中。虽然东极镇基层政府承担着实现渔业海洋垃圾治理的公共责任,但其财力、物力有限,加之政府关注的政策议题远不止垃圾治理一个方面,因而在重经济利益建设和重生态利益建设两个方面会有所偏倚,在实践中往往更易偏向经济利益建设。当地的青浜海岛公益组织能力有限,需要在能够维持其基本组织运转的基础上才能开展渔业海洋垃圾治理活动。一些致力于海洋环境保护的企业也会参与到渔业海洋垃圾的治理中来,但无法避免企业的逐利性。政府和企业在其内部利益选择中,相比于生态利益往往会偏向经济利益,三元主体在治理渔业海洋垃圾中的利益博弈和选择是协同治理主体共识淡薄的一大原因。政府、企业和社会组织的治理主要停留在各自的社会角色扮演层面，并未把其他主体的参与纳入实现自己利益的环节。基层政府在渔业海洋垃圾治理中以强制性工具和混合性工具为主，往往忽略了社会组织和企业中自愿性工具的作用。青浜海岛公益组织是致力于海洋保护的一支本土队伍，但由于缺乏资金支持，在海洋保护中很难完全发挥作用，企业可以利用其市场化运作和专业性，承包部分渔业海洋垃圾治理服务内容。各主体虽然可以在治理中实现优势互补，但缺乏对彼此间互相依赖的利益关系的认知，因而难以达成深度的主体共识。

（3）治理职责模糊。在青浜岛的渔业海洋垃圾协同治理过程中，政府易拘泥于"大包大揽"的传统管理思维，投入财力、物力和人力进行海洋环境保护宣传，雇佣当地渔民进行海滩清理等；而青浜海岛本土公益组织也致力于海洋环境保护宣传工作，并不定期地进行海滩渔业海洋垃圾的清理和分类，两者在职能上重叠。可见双方未能将职责厘清，无法将人力、财力、物力等物质资源统筹化、系统化使用，造成了资源浪费，难以发挥主体治理最大化的作用。

从协同治理过程来分析，青浜岛各组织沟通程度有待加深，合作能力有待提升，激励机制有待完善。

（1）沟通程度有待加深。在协同治理过程中，政府、社会组织和企业间的沟通方式和渠道有限，缺少信息交流和共享平台，使渔业海洋垃圾治理无论是"从上至下"还是"从下至上"信息都不通畅。在青浜岛，企业和青浜岛公益组织与政府的沟通责任主要落在本岛基层政府的工作人员身上，存在一定的权力等级距离，而权力等级距离过远会使信息的影响力减弱。非政府组织由于缺乏体制内的沟通渠道，难以将渔业海洋垃圾治理信息带入政府。青浜海岛公益组织与企业的沟通以非正式谈话为主，沟通形式呈现出非正式性特点。企业与政府组织间存在外包服务的关系，其沟通基本只局限于业务上的交流。企业与青浜海岛公益组织交流较为密切但与政府较为疏远，当地的渔民协会和民宿协会一部分是青浜海岛公益组织的成员，因而与青浜海岛公益组织沟通较为密切，而与政府沟通较少。在沟通程度上，政府、社会组织和企业呈现出不同程度的亲疏关系，尚未形成共商共议的交流空间。各主体对渔业海洋垃圾治理的了解只是冰山一角，零碎的信息使各主体很难从整体上把握治理情况。

（2）合作能力有待提升。在青浜岛渔业海洋垃圾治理过程中，政府、企业和社会组织之间的互动模式单一，暂未形成一种互商互协的合作空间，建立深层次的合作关系举步维艰，更体现不出其较强的合作能力。当地政府与企业的合作主要表现为购买服务，仅局限于垃圾集中对外运输，并没有发挥出政府引导与企业协作的互补优势；当地社会公益组织常在渔业海洋垃圾治理前线，与基层群众的交流密切,相比政府更清楚当地真实的治理情况及问题,但解决这些问题仅靠当地社会公益组织是不够的,需要政府和企业有效协商;当地企业以民宿、超市等服务类企业为主,本身在技术、信息、资源等方面存在局限性,还需要政府和社会组织给予技术或资金支持,并加强海洋生态环境保护宣传。现阶段青浜岛渔业海洋垃圾协同治理过程中,政府、企业和社会组织三方主体的合作模式缺乏黏性和深度,各方的需求和资源无法协商共享,各方的能力和优势未能凸显,无法协作互赢。

(3)激励机制有待完善。在青浜岛渔业海洋垃圾治理过程中,以政府为主导的激励措施主要包括物质激励和精神激励两种,物质激励具体表现为资金投入、雇佣专人打捞海漂垃圾和清理海滩垃圾;精神激励主要为党建引领、组织党员开展净滩活动等。缺乏丰富多样的激励手段来激发不同治理主体的主动性和行动力,难以系统运用多种激励手段并使激励机制规范化和相对固定化。

从协同治理监管来分析,青浜岛目前存在问责评估缺失、监督反馈滞后的问题。

(1)问责评估缺失。能够对青浜岛附近海域的渔业海洋垃圾治理行使监管和执法的部门众多,但这些部门之间缺乏明确的分工和协作,无法对渔业海洋垃圾治理结果进行有针对性的问责。而且有关渔业海洋垃圾治理的相关绩效考核在总的考核标准中的占比微小,在行政层面难以形成强动力。此外,虽然目前政府和社会组织对渔业海洋垃圾的监测都已纳入常态化行动,但还未制定出较为完善的渔业海洋垃圾验收指标,对于治理结果还缺少一种可视化、可量化的成果验收评估标准。

(2)监督反馈滞后。只有进行监督反馈,才能了解到渔业海洋垃圾治理过程中哪些措施有效,哪些手段无效,从而实现完善和纠偏。另外,监督反馈与问责评估两方面的协同治理结果要向社会进行信息公开,让公众能了解政府、企业和社会组织分别做了什么,阶段性成果是怎样的。而在实际治理过程中,暂无部门专门负责监督反馈,难以实现完全的信息公开,不能及时发现问题并进行适当调整。监督反馈滞后,问题愈加凸显,在一定程度上造成各种资源的浪费,协同治理效率较低。以青浜岛外包专船运输垃圾为例,政府虽根据垃圾运送的趟数给予费用,但没有对其进行监督反馈,如每一趟所装垃圾是否达到可运载最大容量存疑,很容易造成高成本但垃圾运送效率不高的问题。

(四)构建长三角沿海区域渔业海洋垃圾治理多主体协同治理体系的对策建议

1. 加强政社、政企、社企协同治理共识

要加快形成党委领导、政府负责、社会协同、公众参与的治理主体协同共识,营造多主体共治的社会治理氛围。依托基层党组织和党建引领,发挥好基层党组织在政府、企业及社会组织三者之间的桥梁作用,夯实多主体协同治理的社会基础。同时,政府要深化简政放权改革,完善多主体治理合法性的法律法规,为各主体参与渔业海洋垃圾治理创造条件;企业要积极在环保市场中焕发活力,利用市场化和专业化运作发挥在渔业海洋垃圾治理中的市场化治理能力;社会组织要携手群众充分运用参与社会治理的权利,与政府共同实现渔业海洋垃圾治理的目标。通过制度优势加强主体协同共识,形成更加开放、包容的渔业海洋垃圾多主体协同治理社会空间。

2.建立有效的政社、政企、社企协同治理沟通机制

首先,政府要建立好政企、政社之间的协商制度及畅通、正式的沟通渠道,同时关注非正式沟通渠道,让社会的声音通过各种渠道进入政府。其次,在技术层面搭建现代化的信息共享平台。协同信息取决于序参量并反映系统集体性质,在自组织系统发生非平衡相变时,系统信息的改变取决于协同信息的改变。协同信息对协同系统有重要的影响力,只有在信息充分交换的基础上才能最大限度地实现沟通的有效性。要依托现代化科学技术、信息化管理系统和指挥调度通信系统,将渔业海洋垃圾治理信息发布、治理问题反馈等统一于同一个共享渠道。将政府有关治理部门、社会组织和企业纳入共享渠道,实现信息的扁平化。

3.建立完善的政社、政企、社企协同治理奖罚机制

为了平衡不同治理主体间的利益,满足差异化治理需求,可以在需要、目标、分配等方面完善激励机制,一方面可以缓解协同治理中资金缺乏的难题,另一方面平衡了利益主体之间的利益诉求,在制度上给予激励以解决合作不足的问题。不同治理主体的需求具有很大的差异,因此要根据企业、社会组织、社会公众等协同主体的不同,对其进行相应的激励机制。对企业而言,可以通过财政补贴或税收优惠政策等给予激励,在满足企业利益最大化的同时鼓励其积极承担社会责任,树立良好企业形象;对社会组织而言,可以通过增强关联和媒体宣传等给予激励,满足社会组织的公益形象、社会尊重等价值追求;对于社会公众而言,可以通过组织培训、奖金证书等给予激励,满足社会公众共同参与的归属感和荣誉感。然而激励机制包括正向和负向的双重激励,需要根据实际情况进行"选择性激励"。同时,要明确渔业海洋垃圾的治理规范,加大对渔船在生产过程中乱扔垃圾等破坏海洋生态环境违法行为的处罚力度。

4.培养高效的政社、政企、社企协同治理合作能力

想要取得协同治理的成功,提高治理主体之间的合作能力是关键。目前,政府在渔业海洋垃圾治理中依然发挥主导作用,从长三角沿海区域基础设施建设

到渔业海洋垃圾治理相关政策法规的制定,都需要政府引导和统筹,整合社会各种资源力量,协调各方利益需求。同时,要积极调动更多的外来企业和社会组织参与长三角沿海区域渔业海洋垃圾协同治理,发挥企业的市场优势,通过引进人才、赞助资金、开发技术、创新管理等,实现"外来＋当地"强强联合、互利共赢,不仅可以拓宽外来企业的发展市场,还可以激发长三角沿海区域海洋渔业潜在价值;发挥社会组织的专业优势,通过爱心捐赠、志愿服务、结对帮扶等多种形式,带动当地渔民、外来游客等公众参与渔业海洋垃圾治理,增强全民海洋生态环境保护意识。

5.优化政社、政企、社企协同治理监督管理机制

优化对渔业海洋垃圾治理结果的监管体系,是促进渔业海洋垃圾多主体协同治理结果转化为治理成效的重要方式。政府应紧盯公共服务外包方是否完成了指定任务,追踪考核相关负责部门及其工作人员是否履行了职责等。企业和社会组织也应对内部相关工作人员通过绩效考核、指标评价等方式进行监管。首先,对于渔业海洋垃圾治理成果,要设立专门化部门管理和科学化生态评估指标。专门化的部门管理有助于厘清部门管理权责,有效落实责任、履行职责;科学化的生态评估指标有助于对渔业海洋垃圾阶段性治理工作进行客观全面的评价。其次,要将渔业海洋垃圾治理成效纳入绩效考核,将压力转化为动力,推动实施船只安装监控、港口码头登记、完善垃圾回收、聘请海上环卫工人等具体措施,落实渔业海洋垃圾治理专项工作。最后,要配置适当方式进行有效监管,如周期性公示治理工作成果与存在的问题、实时实地考察治理效果、根据实际情况进行奖励惩罚等。只有适当配置监管机制,对协同治理的输出结果进行衡量和反馈,才能促使协同治理机制良性动态运转。

第三节　影响渔民参与渔业海洋垃圾多主体协同治理的因素研究

海洋是实现高质量发展的战略要地,随着我国海洋经济的稳步增长和海洋渔业的快速发展,渔业海洋垃圾问题日益凸显。本研究基于计划行为理论,以中国长三角沿海区域舟山渔民为研究对象,结合渔业海洋垃圾治理中渔民参与的实际情况,构建渔民参与渔业海洋垃圾治理意愿及其影响因素研究的分析框架,通过二元 Logistic 回归模型对渔民参与渔业海洋垃圾治理意愿及其影响因素展开定量研究,为制定合理调动渔民参与渔业海洋垃圾治理的相关政策提供依据。

一、分析框架与研究假设

渔民参与渔业海洋垃圾治理包括参与可回收可降解渔具使用、参与渔业海洋垃圾治理宣传、参与渔业海洋垃圾回收和参与渔业海洋垃圾清运等多个环节，又因渔业海洋垃圾污染产生的原因复杂多变，靠少数人的自觉难以实现有效治理，也不能对社会全员行为进行强制性规定。因此，渔民参与渔业海洋垃圾治理行为具有经济学、社会学、心理学等多方面的特征，适宜采用计划行为理论（TPB）进行分析。

计划行为理论是 1991 年美国心理学家阿杰恩（Ajzen）在理性行为理论（TRA）的基础上进行延伸和拓展后提出的。计划行为理论的核心是对人类行为进行解释，个体对某一行为是否有意愿即在一定程度上控制行为是否发生，也就是说，一个人对某个行为的态度越积极，感知规范越强烈，并且知觉行为控制越充分，就越有可能产生实施某种行为的意愿。态度是一种潜在的倾向，对心理对象作出某种程度的有利或不利的反应。行为态度本质上是评价性的，个体在某一评价维度上对某行为进行评估，该评价的维度从消极到积极。从事态度基础研究的当代理论家和研究人员普遍认为，行为态度的本质特征是其两极评价维度。行为态度可以分为两种，一种是认知态度，另一种是情感态度。如渔民对参与渔业海洋垃圾宣传这一行为的态度，包括认知态度和情感态度，认知态度即渔民对参与渔业海洋垃圾宣传这一行为所产生的结果的预测，情感态度即渔民对参与渔业海洋垃圾宣传这一行为的主观体验感受。社会规范是指在一个群体或社会中可以被接受或允许的行为。在计划行为理论中，规范的定义更为狭隘，侧重于特定行为的表现。也就是说，将规范视为个体思考是否执行某一特定行为时感受到的来自社会的压力。行为感知规范包括禁令性规范和描述性规范，禁令性规范是指个人对某一行为是否应该执行的认知，描述性规范则是指对其他人是否正在执行或将要执行该行为的认知，这里的"其他人"是对个人来说相对重要的人。渔民参与渔业海洋垃圾治理的意愿受到感知规范即社会压力的影响，不仅包括来自领导或家人对该行为的评价，还包括从事相似工作的其他人的评价或行动。知觉行为控制被定义为人们相信他们能够执行给定行为的程度，以及他们对自身行为的控制程度。知觉行为控制被假定为考虑执行行为所需的信息、技能、机会和其他资源的可用性，以及可能需要克服的障碍。渔民的参与意愿受到对经济能力、空余时间、政策支持等的影响，如渔民在思考自己是否愿意更换使用可回收可降解渔具时，不仅会考虑该行为产生的结果及受到的社会压力，还会对补贴政策、自身经济水平等因素进行评估。

一个人拥有了实施某种行为的意愿，并且拥有足够的资源、机会、知识等，便有可能付诸直接行动。人类的行为非常复杂,每种行为由各种不同的因素决定,每种行为需要独特的解释结构和框架,最基本的问题是人们是否会执行令自己感兴趣的行为。要回答这个问题则需要先评估该行为是否被执行。例如,考虑渔民是否参与渔业海洋垃圾回收,为获得合适的衡量标准,可以评估一位渔民在过去的渔业生产中是否将生产中产生或遇到的垃圾带回(二分法标准)。这些信息可以通过自我报告或检查组织记录的方式获得,由于对渔民的行为记录很少,故本研究选择自我报告的方式。结合计划行为理论和渔民参与渔业海洋垃圾治理情况提出以下研究假设。

H1:渔民参与渔业海洋垃圾治理的未来预期、体验感受和经济利益会正向影响参与意愿。

H2:渔民参与渔业海洋垃圾治理的家人支持、同事支持和领导选择会正向影响参与意愿。

H3:渔民参与渔业海洋垃圾治理的自我控制、经济能力、政策规定、补贴激励、空余时间、专业知识、参与渠道、放置空间、法律意识和港口接收都会正向影响参与意愿。

二、数据说明与变量选择

(一)研究区域与数据来源

数据来源于项目组 2021 年 7—10 月于长三角沿海区域浙江省舟山市展开的渔民调研。舟山市是一个群岛城市,由 1390 座岛屿组成,拥有 2.08 万平方千米的海域面积,辖定海区、普陀区、岱山县及嵊泗县。为尽量减少误差,本研究选取舟山市各区(县)的典型渔村作为样本点,采用 Scheaffer 抽样公式确定样本规模,具体公式如下:

$$N^* = \frac{N}{(N-1)\delta^2 + 1}$$

公式中,N^* 为需要进行调查的渔民样本总数;N 为 2019 年舟山市渔业专业劳动力人数(不含渔业加工人数);δ 为抽样误差,取 0.05。通过上式计算可得舟山市渔民样本规模约为 398 份,综合考虑人力、物力等客观因素及提高问卷准确度的需要,选取的舟山市渔民样本规模为 800 份。

各区(县)的渔民样本规模依据各区(县)渔业专业劳动力人数(不含渔业加工人数)占全市渔业专业劳动力人数(不含渔业加工人数)的比重确定,具体计算公式如下:

$$N_k = N^* \times \frac{s_k}{\sum_{k=1}^{4} s_k}$$

公式中,N_k 为 k 区(县)渔民样本数量;$k=1,2,\cdots$,分别表示定海区、普陀区等;s_k 为各区(县)渔业专业劳动力人数(不含渔业加工人数)。受访渔民区域分布如表 4-10 所示。

表 4-10 受访渔民区域分布

	定海区	普陀区	岱山县	嵊泗县	总计
渔业专业劳动力数量(人)	7047	30915	15076	13080	66118
渔民样本数量(人)	85	374	182	159	800
选取样本占比(%)	1.206	1.210	1.207	1.216	1.210

考虑到舟山各区(县)渔业专业劳动力的分布和交通便利性等多个因素,我们在 2021 年的 7 月至 10 月对以下几个地区进行了详细的调查研究:长白岛、嵊山岛、枸杞岛、衢山岛、沈家门街道、朱家尖街道、桃花岛、六横岛以及虾峙岛。通过实地考察的方式进行了调查,总共分发了 800 份调查问卷,并全部成功回收。问卷的回收率达到 100%。在排除了 87 份可能存在选项重复或随意回答的问卷后,实际回收了 713 份有效的问卷,使得问卷的有效率达到了 89.13%。有效问卷的分布情况见表 4-11。

表 4-11 舟山市渔民参与渔业海洋垃圾治理意愿调查问卷分析

问卷	定海区	普陀区	岱山县	嵊泗县	总计
发放问卷数(份)	85	374	182	159	800
有效问卷数(份)	76	337	163	137	713
有效问卷占比(%)	89.41	90.11	89.56	86.16	89.13

(二)变量选择

渔民参与渔业海洋垃圾治理是多种行为的集合。因此,选择可回收可降解渔具的使用意愿、渔业海洋垃圾的宣传意愿、渔业海洋垃圾的回收意愿和渔业海洋垃圾的清运意愿作为被解释变量,研究影响渔民参与渔业海洋垃圾治理意愿的因素。本研究在计划行为理论及前人关于渔民参与意愿影响因素研究的基础上,从行为态度、行为感知规范、知觉行为控制及其他因素四个方面选取指标,变量定义如表 4-12 所示。

表 4-12　模型变量定义

变量类型	变量名称	变量定义
被解释变量	使用意愿	是否愿意使用可回收可降解渔具:0＝否;1＝是
	宣传意愿	是否愿意参与渔业海洋垃圾宣传:0＝否;1＝是
	回收意愿	是否愿意将生产过程中产生或遇到的垃圾带回:0＝否;1＝是
	清运意愿	是否愿意参与渔业海洋垃圾的打捞清运或支付一定费用:0＝否;1＝是
解释变量	未来预期	海洋环境带来好处:1～5＝非常不同意～非常同意
	体验感受	感觉很麻烦或不愉快:1～5＝非常不同意～非常同意
	经济利益	带来经济利益:1～5＝非常不同意～非常同意
	家人支持	家人觉得有必要:1～5＝非常不同意～非常同意
	同事参与	从事相似工作的人选择:1～5＝非常不同意～非常同意
	领导选择	领导觉得有必要:1～5＝非常不同意～非常同意
	自我控制	能完全控制自己:1～5＝非常不同意～非常同意
	经济能力	有足够的经济能力:1～5＝非常不同意～非常同意
	购买渠道	对购买渠道很了解:1～5＝非常不同意～非常同意
	政策规定	政策强制规定使用:1～5＝非常不同意～非常同意
	补贴激励	有相应补贴:1～5＝非常不同意～非常同意
	空余时间	有足够的空余时间:1～5＝非常不同意～非常同意
	专业知识	有足够的专业知识:1～5＝非常不同意～非常同意
	参与渠道	对参与渠道很了解:1～5＝非常不同意～非常同意
	放置空间	放置空间足够:1～5＝非常不同意～非常同意
	法律意识	法律政策规定:1～5＝非常不同意～非常同意
	港口接收	码头有接收措施:1～5＝非常不同意～非常同意
控制变量	年龄	1＝30岁及以下;2＝31～40岁;3＝41～50岁;4＝51～60岁;5＝61岁及以上
	受教育水平	1＝小学及以下;2＝初中;3＝高中或中专;4＝大专;5＝本科及以上
	家庭收入	1＝5万元以下;2＝5万～7万元;3＝8万～10万元;4＝11～15万元;5＝15万元以上
	村(社区)宣传	村里是否有关于渔业海洋垃圾的宣传:0＝否;1＝是

渔民参与渔业海洋垃圾治理意愿的总体选择情况如表 4-13 所示。从横向来看，愿意使用可回收可降解渔具的渔民占样本总数的 69.28%，说明愿意使用可回收可降解渔具的渔民偏多。愿意参与渔业海洋垃圾宣传的渔民占样本总数的 80.65%，说明大多数渔民愿意参与渔业海洋垃圾宣传。50.35% 的渔民表示愿意将渔业生产过程中产生或遇到的垃圾带回，56.66% 的渔民表示不愿意参与渔业海洋垃圾的清运，略高于愿意参与的比例。从纵向来看，渔民参与渔业海洋垃圾宣传的意愿最高，其次是使用可回收可降解渔具的意愿，而参与渔业垃圾回收和清运的意愿接近或未超过 50%。说明对于不同的阶段、不同的参与方式，渔民所持的意愿差异较大。

表 4-13　渔民参与意愿总体选择情况

渔民总体选择情况	愿意		不愿意	
	样本数量（人）	百分比（%）	样本数量（人）	百分比（%）
可回收可降解渔具使用意愿	494	69.28	219	30.72
参与渔业海洋垃圾宣传意愿	575	80.65	138	19.35
参与渔业海洋垃圾回收意愿	359	50.35	354	49.65
参与渔业海洋垃圾清运意愿	309	43.34	404	56.66

三、基于二元 Logistic 回归模型的估计结果分析

（一）模型结构

根据被解释变量的特征，本研究采用二元 Logistic 回归模型分析渔业海洋垃圾治理中渔民参与意愿的影响因素，具体计量模型为：

$$P_i = F(Y) = F\left(\beta_0 + \sum_{i=1}^{n}\beta_i X_i + \mu\right) = \cfrac{1}{1 + \exp\left[-\left(\beta_0 + \sum_{i=1}^{n}\beta_i X_i + \mu\right)\right]}$$

将上述模型进行取对数变形，得到线性回归模型：

$$\ln\frac{P_i}{1-P_i} = Y = \beta_0 + \sum_{i=1}^{n}\beta_i X_i + \mu$$

公式中，P_i 为渔民对渔业海洋垃圾治理有参与意愿的概率；Y 为被解释变量；β_0 为截距项；X_i 为解释变量，表示第 i 种影响因素；β_i 为回归系数；n 为解释变量个数；μ 为随机误差项。

（二）实证结果

通过 SPSS 软件对模型进行分析，在渔民使用可回收可降解渔具意愿模型

中，－2Log Likelihood ＝343.014，Chi－Square＝536.548，模型系数的综合检验 Sig. 值为 0.000，表明渔民使用可回收可降解渔具意愿模型显著成立。在渔民参与渔业海洋垃圾宣传意愿模型中，－2Log Likelihood ＝272.359，Chi－Square＝428.274，模型系数的综合检验 Sig. 值为 0.000，表明渔民参与渔业海洋垃圾宣传意愿模型显著成立。在渔民参与渔业海洋垃圾回收意愿模型中，－2Log Likelihood ＝425.700，Chi－Square＝562.693，模型系数的综合检验 Sig. 值为 0.000，表明渔民参与渔业海洋垃圾回收意愿模型显著成立。在渔民参与渔业海洋垃圾清运意愿模型中，－2Log Likelihood ＝263.421，Chi－Square＝233.325，模型系数的综合检验 Sig. 值为 0.000，表明渔民参与渔业海洋垃圾清运意愿模型显著成立。渔民参与渔业海洋垃圾治理意愿及其影响因素各模型估计结果具体如表 4-14 所示。

表 4-14　模型回归结果

维度	使用意愿模型		宣传意愿模型		回收意愿模型		清运意愿模型	
	解释变量	估计结果	解释变量	估计结果	解释变量	估计结果	解释变量	估计结果
	常量	－6.916***	常量	－8.564***	常量	－5.273***	常量	－5.799***
行为态度	未来预期	1.002***	未来预期	0.540***	经济利益	－0.178	未来预期	0.805***
	体验感受	－0.927***	体验感受	－0.576***	体验感受	－0.574***	体验感受	－1.801***
行为感知规范	家人支持	0.978***	家人支持	0.616***	家人支持	－0.037	家人支持	1.015***
	同事参与	0.364**	同事参与	0.690***	领导选择	1.031***	同事参与	－0.101
知觉行为控制	自我控制	－0.015	自我控制	0.603***	自我控制	0.205	自我控制	－0.407
	经济能力	0.348*	空余时间	0.461***	放置空间	0.509***	空余时间	0.454*
	购买渠道	－0.204	专业知识	0.261	法律意识	0.302**	经济能力	1.087***
	政策规定	0.511*	参与渠道	－0.294	港口接收	0.401***	补贴激励	0.418
	补贴激励	0.198						
其他因素	年龄	0.084	年龄	－0.012	年龄	－0.054	年龄	0.136
	受教育水平	－0.267	受教育水平	0.446**	受教育水平	0.078	受教育水平	0.660***
	家庭收入	0.160	家庭收入	0.058	家庭收入	0.301	家庭收入	－0.350
	村(社区)宣传	0.128	村(社区)宣传	1.201***	村(社区)宣传	0.411	村(社区)宣传	1.367***

注：***、**、* 分别表示在 1%、5%、10% 统计水平上显著。

1. 渔民使用可回收可降解渔具意愿模型估计结果

从行为和态度上看,未来的预测将对渔民的宣传意向产生明显的积极作用。渔民逐步意识到海洋生态环境的重要性,并对再生产过程中遇到的大量海洋垃圾和台风后海面上漂浮的大量垃圾感到震惊。特别是当垃圾来源于他们自己的生产活动时,他们开始反思自己的行为,从而更愿意参与渔业海洋垃圾治理的宣传。当渔民觉得参与渔业海洋垃圾治理的宣传是一件愉快的事时,他们更倾向于参与,而不良的体验感会削弱渔民的参与意愿。在行为感知规范的层面上,家庭成员的支持显著地正向影响了渔民参与渔业海洋垃圾治理宣传的意愿。家庭成员对此宣传活动的态度直接决定了渔民的参与意愿。当家庭成员给予更多的支持和认可时,渔民从家庭内部获得的鼓励也会相应增加,从而使得他们参与宣传活动的意愿更为强烈。同事的参与明显地正面推动了宣传的意向。当渔民意识到与他们从事相似职业的人有参与宣传或已经采取行动时,他们通常会在自己的条件允许的情况下选择跟随。

2. 渔民参与渔业海洋垃圾宣传意愿模型估计结果

从行为和态度上看,未来的预测将对渔民的宣传意向产生明显的积极作用。渔民逐步意识到海洋生态环境的重要性,并对再生产过程中遇到的大量海洋垃圾和台风后海面上漂浮的大量垃圾感到震惊。特别是当垃圾来源于他们自己的生产活动时,他们开始反思自己的行为,从而更愿意参与渔业海洋垃圾治理的宣传。体验的感受会对渔民的宣传意向产生明显的负面效应。当渔民觉得参与渔业海洋垃圾治理的宣传是一件愉快的事时,他们更倾向于参与,而不良的体验感会削弱渔民的参与意愿。在行为感知规范的层面上,家庭成员的支持显著地正向影响了渔民参与渔业海洋垃圾治理宣传的意愿。家庭成员对此宣传活动的态度直接决定了渔民的参与意愿。当家庭成员给予更多的支持和认可时,渔民从家庭内部获得的鼓励也会相应增加,从而使得他们参与宣传活动的意愿更为明确。同行的参与明显正面推动了宣传的意向。当渔民意识到与他们从事相似职业的人有参与宣传或已经采取行动的意愿时,他们通常会在条件允许的情况下选择跟随。村(社区)宣传对渔民的宣传意愿产生显著的正向影响,村(社区)宣传能够使渔民对渔业海洋垃圾的存在有更深刻的认知,渔民参与意愿随之增强。

3. 渔民参与渔业海洋垃圾回收意愿模型估计结果

在行为态度方面,体验感受对回收意愿产生显著的负向影响,渔民在渔业生产的过程中较为忙碌,兼顾渔业垃圾的回收可能会产生较差的体验感受,与原本随意丢弃的方便相比,回收垃圾费时费力,渔民的体验感受越差,认为回收渔业海洋垃圾越麻烦,越不愿意回收。在行为感知规范方面,领导选择对回收意愿产生显著的正向影响,领导(船长)对渔业垃圾回收的评价越高,渔民受到的压力就越大,回收意愿就越明显。而家人支持对渔民的回收意愿不产生显著影响,这主要是由于垃圾回收主要发生在生产过程中,家人参与或知道的较少,故相关的评价很少,渔民更多受到当时自身感受的影响。在知觉行为控制方面,渔船上垃圾的放置空间对渔民的回收意愿产生显著的正向影响,渔船的空间有限,在渔业生产中兼顾垃圾回收会给渔船的空间带来巨大压力,渔民的回收意愿较差。法律意识对渔民的回收意愿产生显著的正向影响,渔民表示,虽然对具体的法律条款不清楚,但知道法律规定生产生活垃圾不能丢入海洋,且现在在港口附近向海洋中倾倒垃圾被发现或被举报会罚款,所以并不敢随意倾倒。港口接收对渔民的回收意愿产生显著的正向影响,港口(码头)的接收措施越完善,渔民将垃圾回收的后续处理越方便,对回收产生的顾虑越小,回收意愿就越明显。

4. 渔民参与渔业海洋垃圾清运意愿模型估计结果

在行为态度方面,未来预期对渔民的清运意愿产生显著的正向影响,当渔民认为现有的渔业海洋垃圾会对海洋环境造成破坏,从而影响以后的渔业生产及收入时,清运意愿也会随之增强。体验感受对清运意愿产生显著的负向影响,渔业海洋垃圾的清运在生产过程之后,并非工作时间,渔民的参与属于自愿行为,当渔民认为参与垃圾清运的体验感受较差时,就不愿意参与。在行为感知规范方面,家人支持对清运意愿产生显著的正向影响,家人对参与清运的行为评价越高,渔民受到来自家庭内部的鼓励越大,从而参与垃圾清运的意愿就越明显。在访谈过程中了解到,家人为党员、村干部或担任其他渔业相关职务时,渔民会受到家人的影响,则会选择与他们一起参与海滩垃圾的清理工作。村里通常有专门的垃圾清理人员,或在垃圾过多时雇人专门清理,同时会鼓励村民参与其中,此时家人的正面评价或直接参与对渔民的清运意愿产生了重要的影响,正面的评价能使渔民更有成就感。在知觉行为控制方面,渔民的空余时间对其参与渔业海洋垃圾清运的意愿产生显著的正向影响,渔民的空余时间越多,就越有足够的时间参与垃圾清运,清运意愿也就越强。在其他因素方面,受教育水平对渔民清运意愿产生显著的正向影响,受教育水平较高的渔民对自身的要求更高,更愿意投入部分精力参与渔业海洋垃圾清运。村(社区)宣传对渔民的清运意愿产生显著的正向影响,村(社区)宣传能够提升渔民对渔业海洋垃圾的关注度,调动渔民参与积极性,渔民清运意愿随之提升。

（三）稳健性检验

为了保证模型回归结果的稳定性和可靠性，采用分样本回归和更换计量方法两种方法对数据回归结果进行稳健性检验。

1. 分样本回归

根据统计局公布的数据，浙江省舟山市 2020 年渔农村人均可支配收入 39096 元，按一个渔民供养 2～3 个家庭成员来算，以家庭年收入 11 万元为界，将样本分成两部分，家庭年收入在 11 万元及以上的样本共 486 份，在 11 万元以下的样本共 227 份，分别进行回归。结果如表 4-15 和表 4-16 所示，回归结果基本一致，表明模型结果比较稳健。

表 4-15　分样本回归分析结果一

维度	使用意愿模型		宣传意愿模型		回收意愿模型		清运意愿模型	
	解释变量	估计结果	解释变量	估计结果	解释变量	估计结果	解释变量	估计结果
	常量	−7.718***	常量	−15.088***	常量	−9.862***	常量	−4.416*
行为态度	未来预期	1.184***	未来预期	2.683***	经济利益	−0.689	未来预期	0.996***
	体验感受	−0.981***	体验感受	1.290***	体验感受	−0.046**	体验感受	−1.804***
行为感知规范	家人支持	0.660**	家人支持	2.973***	家人支持	−0.133	家人支持	0.926***
	同事参与	0.568**	同事参与	1.151*	领导选择	0.967***	同事参与	0.439
知觉行为控制	自我控制	−0.203	自我控制	1.326*	自我控制	0.216	自我控制	−0.385
	经济能力	0.005*	空余时间	1.180**	放置空间	1.250*	空余时间	0.467*
	购买渠道	0.083	专业知识	−0.142	法律意识	0.823***	经济能力	1.116*
	政策规定	0.366*	参与渠道	−0.427	港口接收	0.707***	补贴激励	0.383
	补贴激励	0.729						
其他因素	年龄	−0.068	年龄	−0.065	年龄	−0.150	年龄	0.263
	受教育水平	0.722	受教育水平	0.796**	受教育水平	0.231	受教育水平	0.875***
	村(社区)宣传	0.281	村(社区)宣传	1.090*	村(社区)宣传	0.407	村(社区)宣传	0.415***

注：***、**、* 分别表示在 1%、5%、10% 统计水平上显著。

表 4-16　分样本回归分析结果二

维度	使用意愿模型		宣传意愿模型		回收意愿模型		清运意愿模型	
	解释变量	估计结果	解释变量	估计结果	解释变量	估计结果	解释变量	估计结果
	常量	−16.545***	常量	−7.121*	常量	−3.282*	常量	−3.824*
行为态度	未来预期	0.802*	未来预期	0.122*	经济利益	0.287	未来预期	1.413*
	体验感受	−1.143***	体验感受	−1.880***	体验感受	−0.867***	体验感受	−1.560**
行为感知规范	家人支持	1.620***	家人支持	0.220*	家人支持	0.252	家人支持	1.819**
	同事参与	0.872**	同事参与	1.104**	领导选择	1.224***	同事参与	−3.204
知觉行为控制	自我控制	−0.046	自我控制	1.098**	自我控制	0.134	自我控制	−1.027
	经济能力	0.897**	空余时间	0.707**	放置空间	1.074*	空余时间	0.196*
	购买渠道	0.332	专业知识	0.904	法律意识	0.619*	经济能力	0.449***
	政策规定	1.984***	参与渠道	−1.216	港口接收	0.724*	补贴激励	0.027
	补贴激励	−2.384						
其他因素	年龄	0.674	年龄	0.635	年龄	0.172	年龄	0.150
	受教育水平	1.370	受教育水平	2.044***	受教育水平	0.244	受教育水平	1.071***
	村(社区)宣传	0.948	村(社区)宣传	2.702***	村(社区)宣传	0.238	村(社区)宣传	0.874***

注：***、**、*分别表示在1%、5%、10%统计水平上显著。

2. 更换计量方法

用 Probit 模型对样本进行估计。回归结果如表 4-17 所示。回归结果显示，未来预期、家人支持、同事参与、经济能力、政策规定正向影响渔民使用可回收可降解渔具的意愿，体验感受负向影响渔民使用意愿；未来预期、家人支持、同事参与、自我控制、空余时间、受教育水平、村(社区)宣传正向影响渔民参与渔业海洋垃圾宣传意愿，体验感受负向影响渔民参与宣传的意愿；领导选择、放置空间、法律意识、港口接收正向影响渔民参与渔业海洋垃圾回收意愿，体验感受负向影响回收意愿；未来预期、家人支持、空余时间、经济能力、受教育水平、村(社区)宣传正向影响渔民参与渔业垃圾清运意愿，体验感受负向影响渔民清运意愿。这与上文的实证结果基本一致，表明模型分析结果比较稳健。

表 4-17　更换计量方法的回归分析结果

维度	使用意愿模型		宣传意愿模型		回收意愿模型		清运意愿模型	
	解释变量	估计结果	解释变量	估计结果	解释变量	估计结果	解释变量	估计结果
	常量	−3.723***	常量	−4.674***	常量	−2.945***	常量	−2.499**
行为态度	未来预期	0.543***	未来预期	0.255**	经济利益	−0.088	未来预期	0.387***
	体验感受	−0.539***	体验感受	−0.369***	体验感受	−0.277***	体验感受	−0.829***
行为感知规范	家人支持	0.568***	家人支持	0.295*	家人支持	0.027	家人支持	0.485***
	同事参与	0.242***	同事参与	0.398***	领导选择	0.506***	同事参与	−0.202
知觉行为控制	自我控制	−0.378	自我控制	0.344***	自我控制	0.065	自我控制	−0.171
	经济能力	0.190*	空余时间	0.277***	放置空间	0.286***	空余时间	0.328*
	购买渠道	−0.133	专业知识	0.128	法律意识	0.164**	经济能力	0.539***
	政策规定	0.308*	参与渠道	−0.154	港口接收	0.198*	补贴激励	0.125
	补贴激励	0.081						
其他因素	年龄	0.040	年龄	−0.004	年龄	−0.016	年龄	0.064
	受教育水平	0.162	受教育水平	0.250*	受教育水平	0.053	受教育水平	0.292***
	家庭收入	0.101	家庭收入	0.066	家庭收入	0.025	家庭收入	−0.206
	村(社区)宣传	0.029	村(社区)宣传	0.775***	村(社区)宣传	0.213	村(社区)宣传	0.819***

注:***、**、*分别表示在 1%、5%、10%统计水平上显著。

四、研究结论与政策启示

(一)研究结论

通过计量模型分析得到的渔民参与意愿影响因素表明:未来预期、家人支持、同事参与、经济能力、政策规定对渔民使用可回收可降解渔具意愿产生正向影响,体验感受对渔民使用意愿产生负向影响;未来预期、家人支持、同事参与、自我控制、空余时间、受教育水平、村(社区)宣传对渔民参与渔业海洋垃圾宣传意愿产生正向影响,体验感受对宣传意愿产生负向影响;领导选择、放置空间、法律意识、港口接收对渔民参与渔业海洋垃圾回收意愿产生正向影响,体验感受对回收意愿产生负向影响;未来预期、家人支持、空余时间、经济能力、受教育水平、村(社区)宣传对渔民参与渔业海洋垃圾清运意愿产生正向影响,体验感受对清运意愿产生负向影响。

（二）政策启示

1. 提升渔民海洋环境保护意识

首先，可以采取多样化和人性化的教育方式，增强海洋教育的趣味性，通过海洋环保教育宣传卡片、电视广播节目、微信视频号等使海洋环保教育常态化。其次，加强政策宣传，让渔民了解相关政策规定，旧的渔具已被限制生产，促使渔民认识到厂商已无法提供旧的渔具，而选择更绿色环保的替代品，实现可持续使用，在村规民约中加入渔业海洋垃圾治理的相关内容，并在橱窗展出或印发宣传册。最后，加强家人之间的宣传，改变渔嫂对使用环保渔具的看法非常重要，可以通过赠送礼品等形式，吸引渔嫂参与海洋环保、新型渔具宣传等各种讲座，通过入户走访等形式，向渔嫂介绍当前的渔具使用及更换政策，使渔嫂带动家人加深对新型渔具政策的了解。

2. 简化渔民参与垃圾治理方式

首先，可依托现代的渔业专业合作社，对绿色渔具进行挑选、测试，为渔民筛选性价比高的绿色渔具，前期的挑选可帮助渔民节约时间，同时把控产品质量，与龙头企业对接，大批量采购可降低渔具运输、使用成本。其次，探索建立一个集渔业信息发布、优秀渔民表彰、海洋环境信息反馈等功能于一体的交流平台，渔民可以通过平台对渔业海洋垃圾清运相关补贴提出自身的诉求。最后，创新渔民参与垃圾治理方式，应继续加强安全教育讲座上关于渔业海洋垃圾的宣传，同时在渔民常去的娱乐场地、商店、超市等地张贴与渔业海洋垃圾相关的海报或播放相关视频，加大宣传力度，对垃圾分类等专业知识进行讲解，同时采用渔民乐于参与、操作简便的宣传方式，如公众号、小程序、群聊活动等。

3. 实现科技助力渔业海洋垃圾治理

首先，加大对科研技术的投入，寻找拓展放置空间的方法，突破渔船空间的局限性，针对不同的渔业海洋垃圾科研项目、不同的科研方向及优先次序进行分类管理，把放置空间的拓展研究放在优先位置。其次，可以开发智能的打捞清运设备，如自动化打捞船只等，使渔民不必付出较多体力即可参与，缩短清运时间，提升清运效率。开发占用空间小且灵活度高的垃圾清运设备，对参与的具体时间点、时长等不作限制，渔民可以利用碎片化的时间参与部分清运活动。最后，可以通过国内外渔业海洋垃圾防治经验交流研讨会分享经验，发表建议，通过企业单位、科研院所、NGO 等机构参与渔业海洋垃圾治理，发挥各自优势，开展多方面的尝试。

4. 加强渔民参与治理监督激励

法律意识和经济能力等对渔民参与渔业海洋垃圾治理意愿产生显著影响。

首先,提高执法人员岗位匹配度,提升渔政队伍执法能力,更新执法配套设施,促进执法手段多样化,在打击随意排放渔业海洋垃圾违法行为的执法过程中,可以引进无人机跟随渔政船,运用科技手段协助开展海上巡逻工作,清除巡查死角,保障巡查质量。其次,加大补贴力度,调研渔民在渔业生产生活中的具体需求,制定贴合实际的惠渔政策,加强对可回收可降解渔具更换使用的资金补助,使渔民使用可回收可降解渔具,不必承担过多的成本,降低渔民的经济负担,减少其更换使用可回收可降解渔具的顾虑。最后,提高渔民经济能力,完善渔民最低生活保障制度,使渔民在遭受重大灾害时能及时得到救助,着力扶持渔业龙头企业,利用龙头企业的资金、市场优势,带动渔民融入产业链,增强渔民应对市场变化的认知能力和对风险的抵御能力,促进经济效益不断提高。

第五章　长三角沿海区域渔业海洋垃圾整体性治理研究

第一节　长三角沿海区域渔业海洋垃圾整体性治理的必要性、内在逻辑及机制构建

一、长三角沿海区域渔业海洋垃圾整体性治理的必要性

(一)渔业海洋垃圾治理的复杂性

我国当前渔业海洋垃圾污染问题依旧严峻。从国内到国际,积极治理渔业海洋垃圾是中国发展海洋经济、拓宽国际市场、增强国际话语权的必经之路。从当前局势来看,一是我国海域及周边依旧存在大量的渔业海洋垃圾,且垃圾数量还在增加;二是我国在提高回收效率、绿色治理渔业海洋垃圾方面依然处在瓶颈期,缺乏相关的经验与技术装备,资金支持不够系统化;三是我国与他国之间、政府与政府之间、政府与社会组织之间关于渔业海洋垃圾治理的沟通协作较少,无法形成一个有效整体。渔业海洋垃圾治理要经过搜集、回收、再生等多个阶段,其背后都有一定的机制在发挥作用。然而当前国际所遵循的渔业海洋垃圾治理机制仍面临政府管理职能缺失、治理制度匮乏、主体利益不统一、部门合作不紧密等问题,最终导致治理效果欠佳。

渔业海洋垃圾治理是一场旷日持久的"战争",需要建立健全法律制度,明确政府权责,加强各方联系,建立国际合作,提高全社会对渔业海洋垃圾治理的关注度,做到全民治理,这是现在乃至未来完善治理机制的重点。

(二)渔业海洋垃圾治理的系统性

渔业海洋垃圾治理机制,是指渔业海洋垃圾治理事件的运行方式和内在机理,是治理得以施行的前提和保障。管理学界普遍认为,有效的渔业海洋垃圾治

理行动要以相对完善的协作机制为基础,机制的选择因不同主体的政治、经济、文化的水平不同而产生差异。渔业海洋垃圾治理的效果和可持续发展性是判断一个机制是否完善的重要标准。渔业海洋垃圾治理的效果越接近预期目标、可持续发展时间越长,其机制的完备程度就越高。

在渔业海洋垃圾治理中需要注重治理价值与治理主体的系统性。其一,治理价值的系统性表现在整体性治理需要扩大公众参与度,深度挖掘公众对渔业海洋垃圾治理的利益诉求,提高渔业海洋垃圾治理的效率和科学性;整体性治理需要提升治理的透明度,渔业海洋垃圾治理的动力来源主要为公众对政府治理和社会治理的认同、信任和互动,而透明度是影响渔业海洋垃圾治理进程的重要因素,因此需要不断强化渔业海洋垃圾治理的信息公开、民主参与和民主协商。其二,治理主体的系统性表现在加强中央政府与地方政府、地方政府与地方政府之间的联系,实现信息互通,充分发挥典型模范作用,促进渔业海洋垃圾治理的整体性发展;同时需要统筹政府、社会、公众等多方主体的资源和优势,走渔业海洋垃圾治理"一核多主体"的道路,坚持政府主导地位,激发相关企业、社会组织及全体公民参与渔业海洋垃圾治理。

二、长三角沿海区域渔业海洋垃圾整体性治理的内在逻辑

(一)渔业海洋垃圾本质属性要求整体性治理

整体性治理是长三角沿海区域渔业海洋垃圾本质属性的要求,包括三个方面:第一,渔业海洋垃圾具有社会性。渔业海洋垃圾的排放、处理和污染都具有外部性。海洋环境的非排他性和非竞争性要求整体性治理,为避免"公地悲剧"的发生,不应将海洋环境治理进行分割。第二,渔业海洋垃圾具有移动性。渔业海洋垃圾的位置具有不确定性和不稳定性。海洋生态环境不受行政区划的限制,需要长三角区域各省市共同维护。第三,渔业海洋垃圾污染具有外溢性。渔业海洋垃圾污染呈现出跨区域性。渔业海洋垃圾的本质属性,即社会性、移动性和外溢性,要求治理不应局限在本区域,而应进行跨区域整体性治理。

(二)渔业海洋垃圾传统治理方式呼吁整体性治理

2017年修订的《浙江省海洋环境保护条例》规定沿海县级以上人民政府渔业行政主管部门负责所管辖渔港水域内非军事船舶和渔港水域外渔业船舶污染海洋环境的监督管理,负责保护管辖海域的渔业水域生态环境,并调查处理前款规定污染事故以外的渔业污染事故。以政府为主导的属地治理仍是当前渔业海洋垃圾治理的主流方式。这种地域分割的方式恰恰与渔业海洋垃圾的本质属性相违背,在面对输入型的渔业海洋垃圾时,由于行政区划的限制,很难进行源头

治理。不同行政区划之间的目标存在差异,行政壁垒阻碍了信息共享及资源整合,从而导致协作共治难以实现、治理碎片化和治理失灵。

（三）渔业海洋垃圾治理的非均衡性需要整体性治理

地区经济发展水平及海洋治理理念均对渔业海洋垃圾治理水平产生影响。长三角区域不同沿海城市经济发展水平不同,海洋生态基础及治理理念存在差异。2020年,上海市地区生产总值达到38700.58亿元,江苏省南通市、浙江省杭州市和宁波市的地区生产总值均超过10000亿元,而长三角其他沿海城市的地区生产总值大多还处于3000亿元到5000亿元之间。上海市经济发展水平高,人民群众的海洋生态保护意识较强,同时治理渔业海洋垃圾污染所需的资金、人才、资源等要素积累较多。相较于上海,长三角区域其他沿海城市,经济发展尚不充分,自身产业结构布局不够合理,在发展海洋经济和保护海洋环境之间,地方政府往往更倾向于选择前者。

三、长三角沿海区域渔业海洋垃圾整体性治理的机制构建

（一）推动区域协同治理,形成长三角渔业海洋垃圾治理区域"联盟"机制

区域协同治理既是推动长三角区域一体化发展的重要力量,也是实现渔业海洋垃圾跨区域治理的重要基础。在渔业海洋垃圾治理过程中,应推动跨区域治理,形成区域联动。第一,完善法律基础,借鉴长江流域禁捕中三省一市协同立法、联合执法的经验,推动长三角各沿海省市渔业海洋垃圾治理的协同立法及联合执法常态化。各地共同发布促进渔业海洋垃圾治理工作的决定,并开展长三角沿海区域针对渔业海洋垃圾的联合执法。第二,地方政府应签订跨区域的渔业与海洋垃圾治理行政协定,并请求长三角沿海协作办公室负责监督这些协定的执行。汲取江苏吴江与浙江秀洲在协同治理清溪河方面的成功经验,我们提议将渔业海洋垃圾的收集与海滩垃圾的清除作为改革的切入点。通过这一举措,我们可以建立一种跨地域的"湾（滩）长制"管理体系。进一步,双方应签署一项联合治理渔业海洋垃圾的框架协议,旨在形成持续有效的合作机制,共同应对海洋污染问题,保护生态环境。第三,实施跨地域组织机构的授权机制,以促进"联盟"的实体运作与高效执行。明确长三角沿海区域合作办公室在渔业海洋垃圾治理领域的职责,以推动与渔业海洋垃圾治理相关的具体项目实施。第四,实施人才授权与赋能策略,促进长三角沿海地区渔业海洋垃圾治理领域在技术、科研、法律及管理等多维度的人才交流与岗位流动。此外,应确保专业人才能够深度参与决策过程,赋予其相应的权利与影响力。

（二）推动政策有效落地，强化沿海区域政府部门渔业海洋垃圾治理联动机制

加强沿海各地政府部门联动，实现渔业海洋垃圾治理中的联合执法、数据共享、信息互通，促进垃圾治理政策有效落地。第一，实现执法过程中部门联动。由渔业行政部门牵头，对渔业海洋垃圾进行源头治理、科学治理、多方治理，建立联合执法体系。由渔业行政部门每月组织生态环境、水务、港口管理等部门开展渔业海洋垃圾治理工作联合执法检查。第二，以大数据为依托，实现渔业海洋垃圾数据实时共享。利用大数据监测渔业海洋垃圾，定期进行报告和总结。升级和完善巡滩App，采用远程监控、无人机巡航等形式，对渔船、渔港、海水养殖场、垃圾处理厂等进行实时监控，并将数据实时上传至巡滩App。第三，实现各监管部门间信息互通，在渔业海洋垃圾治理过程中，各监管部门持续做好信息通报，增加巡滩App使用频率，各监管部门将监管工作情况上传至巡滩App，实现渔业海洋垃圾预防、接收、转运、处理全过程的共享。通过电子联单等形式，简化渔业海洋垃圾转运、处理等环节中的交接步骤，提高联合监管机制的信息化水平。

（三）加强社会资源的整合，深化政府部门与私人部门在渔业和海洋垃圾治理方面的合作

在渔业管理中，有效应对海洋垃圾问题迫切需要各相关方的紧密协作与深度合作，以政府、企业及其他社会组织为主体，共同推动形成强大的治理合力，从而最大化地提升垃圾处理效率。首先，政府应加大对参与渔业海洋垃圾治理的社会组织的资金投入，并简化其进入市场的程序。此外，政府应探索并实施创新的合作模式，例如，组织政府官员定期参与海滩清洁行动以及渔业海洋垃圾治理的公众教育活动。同时，为了激发渔业企业和渔民的积极性，政府可以设立激励机制，对每次出海时主动回收海洋垃圾的船只及其船员，提供包括荣誉表彰与物质奖励在内的双重激励措施。其次，社会组织应加强海洋环境保护的宣传工作，以提高公众，特别是渔民群体参与渔业海洋垃圾治理的积极性。社会组织应主动参与并发起跨区域合作行动，推动成立覆盖长三角沿海地区的渔业海洋垃圾治理联盟。同时，举办长三角渔业海洋垃圾治理论坛，以汇集各地实践成果与智慧，促进经验交流。此外，建议设立"长三角沿海区域渔业海洋垃圾治理基金"，以保障社会组织的持续运作和发展稳定性。最后，建议组织渔民成立或加入相关社会团体，鼓励渔民参与渔业海洋垃圾治理的听证会议程、海滩清洁行动以及海洋垃圾回收项目。此举旨在增强渔民对于海洋生态保护的理解，并通过日常实践逐渐培养其海洋环境保护意识。

第二节　长三角沿海区域渔业海洋垃圾整体性治理的个案分析

一、舟山市嵊泗县"浮球整治"案例

(一)案例概况

目前全球范围内渔业海洋垃圾治理以政府主导,企业、社会组织及公众参与治理为主要治理形式,主体之间通过沟通与协作、发布相关法律及政策、合作共享资源及传递环境信息等方式有效缓解渔业海洋垃圾治理的困境。通过嵊泗县"浮球整治"这一案例,分析总结渔业海洋垃圾治理优化方案,为深化渔业海洋垃圾治理机制的改革提供借鉴价值。

2020年嵊泗县人民政府积极响应中央关于"发展海洋经济,保护海洋生态环境,加快建设海洋强国"的号召,全面推进养殖海域规范化管理,坚持"绿水青山就是金山银山"的可持续发展理念,展开贻贝养殖"浮球整治"工作。水产养殖是嵊泗渔业生产重要组成部分,特别是贻贝养殖在全国享有盛誉。随着嵊泗县贻贝养殖产业快速发展,养殖海域面积达17477亩,贻贝产量16.7万吨。在贻贝养殖行业中,浮球是必需的,在"浮球整治"工作开展之前,嵊泗县贻贝养殖区使用的浮球基本以传统白色泡沫浮球为主,传统白色泡沫浮球因使用成本低、浮力大,深受贻贝养殖户的欢迎,泡沫浮球使用寿命通常为4～5年,但常被小蟹和海螺当作寄居地,使得浮球结构被破坏,再经过风吹浪打,浮球就变成泡沫碎片飘浮于海面,不易降解和回收,造成白色污染,严重危害海洋生态环境,对周边居民的生产生活和健康产生很大的负面影响。

为了应对海洋生态环境问题,专门针对嵊泗县具体情况建立"浮球整治"专项小组,通过领导、工作人员的走访摸排,获取嵊泗县贻贝养殖的详细信息,包括贻贝养殖面积,浮球投放、在役及废弃数量,以及群众对更换浮球的看法。在做了充足准备的前提下,嵊泗县先试点再全面开展浮球更换整治工作。为有序推进新型环保浮球替换工作,全面禁止在海水养殖中使用泡沫浮球,嵊泗县还专门制定了《嵊泗县海水养殖泡沫浮球整治工作方案》(以下简称《方案》),自《方案》实施以来,全县共计应替换泡沫浮球302.5万只(包括陆上库存),其中菜园镇18.5万只、嵊山镇26万只、枸杞乡250万只、花鸟乡8万只(图5-1);全县已累计替换约61.76万只,替换比例为20.42％,其中菜园镇29.46％、嵊山镇42.62％、枸杞乡16.3％、花鸟乡55.88％。虽然嵊泗县到现在还未完成"浮球整治"工作,但通

过之前的探索和实践提高了工作效率,新型浮球替换、回收工作正在有条不紊地进行。

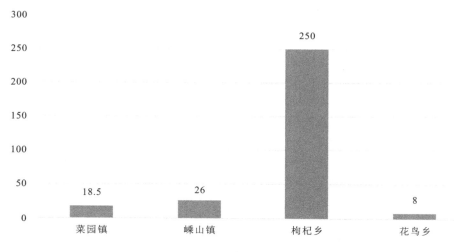

图 5-1　"浮球整治"进程

在整个"浮球整治"的过程中,不可避免也遇到了许多阻力。第一,嵊泗县传统泡沫浮球存量大是最大的问题。截至 2020 年 3 月,嵊泗县投入使用的浮球数量达 17 万只,其中不包括已经废弃和分解的浮球,且绝大部分浮球处于无人管理的状态,浮球搜集、打捞、替换的工作量庞大。第二,在渔业海洋垃圾治理的过程中,由于政府缺乏有效的治理手段,阻碍了治理的发展。自从《方案》实施以来,嵊泗县海洋事业部门成立专门小组,对渔业、港航、海事、环保进行了全面治理,特别是对有关企业的生产和走私等问题进行了整治,取得了一些成果。但自 2021 年 5 月相关部门由于管理常态化撤离后,一方面,有一些企业开始生产未达标的浮球,另一方面,政府参与"浮球整治"的人手不足,导致治理前期进程缓慢。同时治理人员缺乏相关培训,对一些专业技术问题一知半解,不能很好地服务群众,以至于很多渔民对"浮球整治"活动持观望或拒绝的态度。第三,浮球替代机制运作还不够完善。一是对违规生产、海上偷运等恶劣行为缺少相关法律的约束;二是各部门及乡镇还未形成合力,比如在企业引进前期阶段,备案流程、环保审批、产品检测等时间安排不够合理,造成时间延长、养殖设施成本提高、资金短缺问题。养殖户在浮球替换过程中,需要对现有的老式泡沫浮球进行回收和处理,必须建设相应的回收堆放场地,雇佣人员回收、处理和外运泡沫浮球,回收企业压力较大、积极性不高。

（二）机制评价

嵊泗县针对具体问题——击破，推进"浮球整治"工作。

首先，嵊泗县人民政府迅速完善治理制度机制。嵊泗县人民政府积极与有关部门进行交流与协调，迅速制定了《嵊泗县海水养殖泡沫浮球回收办法》，明确了各主体的职责，围绕办法的制定、日常监管、执行主体的落实等多个环节全面开展工作；在泡沫浮球的回收、利用、创新等方面实行常态化、长效化管理，推动了养殖行业的泡沫浮球治理工作的顺利进行。嵊泗县人民政府在整治中进一步强化监督管理，通过海上执法对泡沫浮球进行专项整治，同时组织力量对整治工作进行督导检查，在保证泡沫浮球质量的前提下，全面推进浮球替换工作。

其次，从整体上进一步加深政府与社会组织的交流互通。一方面，嵊泗县人民政府成立科学研究与开发补贴基金，联合当地社会团体和民间企业，大力扶持水产养殖中塑料泡沫浮球替代品的技术研发与人才培养。为了助推新型环保浮球尽早投入市场，促进科学研究和技术转化，嵊泗县人民政府主动提高科研资金占财政收入的比重，并积极开展技术保护和本地政策扶持，为科研活动保驾护航。另一方面，政府发动宣传力量，以网格为单位，组织机关干部、村干部、党员志愿者走村入户，进行"面对面"交流，提高养殖户对新型浮球的认知度和认同感，推动民间力量自发地参与"浮球整治"工作，进一步减轻人员和资金压力。

最后，政府始终坚持有效的部门协作。嵊泗县人民政府始终坚持与上级政府、周边其他地方政府紧密联系。"浮球整治"与渔业海洋垃圾治理从来不是一项小范围的任务，地方政府为了最大限度地获得最大利益，做决策往往建立在自身利益而非本地区整体发展的内在要求上。嵊泗县人民政府从全局出发，同时将周边岛屿及较大范围内的海洋环境考虑在治理的范畴之内，做到服从上级政府安排的同时合理关切周围其他地区。

二、困境及原因

（一）存在困境

自渔业海洋垃圾治理以来，无论是我国还是其他国家都十分重视海洋生态环境，都积极开展了一系列的探索和尝试，不断健全相关渔业海洋垃圾治理法规制度，优化政府职能管理，加强社会各方合作，在渔业海洋垃圾治理的各个方面都取得了不错的成效。但是，在不断地探索和尝试的过程中，仍然存在众多不足之处：地方政府没有为渔业海洋垃圾治理提供充足的制度保障，社会组织、公众等社会力量参与不足，沿海地方政府之间合作跨度和深度不足，等等。这些困境亟待解决。

1.法律体系呈现滞后性

截至目前,我国乃至国际上大多数的国家还没有出台专门针对渔业海洋垃圾治理的法律法规。就我国而言,虽然已经颁布了《中华人民共和国环境保护法》并将其作为上位法,且辅以许多专门的法律法规试图缓解渔业海洋垃圾治理的窘境,但显然目前的法律法规仍然无法满足我国渔业海洋垃圾治理的需求,不仅涵盖范围不足,而且缺乏灵活与变通。现今法律法规多强调原则,理论上似乎可行,但是在实践过程中总是困难重重,难以付诸实践。很多违法分子专门钻法律空子,污染了海洋生态环境却没有受到相应的处罚,法律法规的威慑力得不到充分发挥。除此之外,海洋经济蓬勃发展,科技日新月异,渔业海洋垃圾治理面临的困境也在不断更新,因此,制度规范也应时时根据具体情况进行修订与完善,必要时需要作废与新立。

随着科技的发展,越来越多的人呼吁解决新兴的"微塑料"问题。传统渔业海洋垃圾治理关注的大多是人眼能够识别的塑料垃圾碎块,但是塑料垃圾降解成的"微塑料"容易被海洋生物食用,从而危害人体的健康。因此针对"微塑料"问题,相关法律法规也应有专门的规定。渔业海洋垃圾治理制度规范方面还存在很多空白地带,如缺乏地方性的制度规范来具体指导各个沿海地区海洋生态环境的修复。

2.各部门关系呈现不和谐

在渔业海洋垃圾治理工作中,各级地方政府及各国政府之间存在各自为政的现象,部门之间关系松散,不重视部门之间的协同合作,不能形成整体性区域联动格局。最终的结果是不仅渔业海洋垃圾治理的效果不理想,反而还可能加重海洋生态环境的压力。涉及渔业海洋垃圾治理的部门众多,其中包括渔业行政部门、交通运输部门、文化和旅游部门等多个部门,各部门各自为政,使得信息传递效率大大降低,对联合执法和治理对策研究造成影响,干扰最终治理情况的实时反馈,从而不利于渔业海洋垃圾治理对策的优化。不同部门对渔业海洋垃圾治理工作重视程度不同,投入的资金、人力等不一,最后形成不同地区、不同部门渔业海洋垃圾治理成效差异较大的局面。

3.社会力量呈现零散性

社会力量参与不足,政府与社会组织、企业、公众的协同合作不深入、不持久。渔业海洋垃圾治理如果只有政府参与,任务量和开支无疑是巨大的。但是社会的主体并不只有政府,还有企业、社会组织、公众。缺乏主体意识的公众等主体总是不能作为积极的主体主动参与渔业海洋垃圾治理,政府急需让相关社会力量明白渔业海洋垃圾治理是关乎每一个公民自身利益的,不仅关乎公民自身的经济利益,更关乎公民自身的生命健康与后代的健康。政府应该发挥主导作用,统筹社会资源,协调好企业、社会组织、公众等主体之间的关系。在现行的教育体系中,几乎很少涉及渔业海洋垃圾治理的知识,这一局限性导致企业、社会组织、公众各主体参与渔业海洋垃圾治理的能力有限,尽管有热情,但是有心无力。

(二)原因分析

深究其缘由,主要有以下三个主体原因:其一,政府在渔业海洋垃圾治理过程中没有发挥好统筹作用,因此治理效果不理想;其二,在渔业海洋垃圾治理过程中存在政府相关部门职能设置混乱、重叠,以及相关治理制度建设不完善等现象;其三,渔业海洋垃圾治理过程中涉及的企业、社会组织、公众等相关利益主体之间协作不合理,地方政府、部门之间关系处理效率不高,这些都使得最终渔业海洋垃圾治理效果不佳。

三、治理思路及对策

(一)明确政府管理职能,落实渔业海洋垃圾治理责任机制

整体性治理理论提出,责任感是治理中最重要的一个部分,整体性不仅需要立足于整体,还需要关注各个部分的组成情况及明确各主体的责任与义务。责任是统筹协调的重要部分,不同目标、需求导向的部门需要协调一致,配备相应的责任机制作为保障,各部门针对各自的目标承担不同的责任,这样才有利于消解彼此之间的矛盾和冲突,推动价值利益和行动的协同。

对照嵊泗县浮球治理和当前渔业海洋垃圾治理的状况,政府对渔业海洋垃圾的管控和处理依然存在问题:一是对渔业海洋垃圾源头管控不足,渔业海洋垃圾的生产者总是在法律的红线内外反复游走;二是渔业海洋垃圾回收效率低下,缺乏处理渔业海洋垃圾的有效手段;三是政府设置的分管海洋环境治理部门存在职能设置混乱、权责重叠甚至空白的情况。要进一步优化政府管理职能,先要厘清各部门职能和权力的分配,重新整合、协调部门内权责,将原先混乱、重叠的职能进行科学合理的分配;将原先权责空白的部分具体落实,改善破碎化管理现状,加强对公职人员的监督,预防权力的滥用和不作为。政府应依照《宪法》《海洋环境保护法》等相关法律,积极履行监督管理职能,对有随意倾倒渔业海洋垃圾等破坏海洋环境行为的企业或个人予以处罚。另外,政府应加大对创新渔业海洋垃圾绿色回收技术等科研活动的资源投入力度,包括提供科研经费、吸纳优秀人才等。

(二)升级部门关系网络架构,搭建渔业海洋垃圾治理协同机制

部门之间的网络关系,包括地方政府间的水平关系和中央与地方政府之间

的垂直关系,以及主权国家政府之间的合作关系。随着渔业海洋垃圾治理进程的持续推进,处理好各部门之间的关系、建立健全部门协同治理体系显得越来越重要。建立健全部门协同治理体系,需要谋求在未建立合作的政府之间建立新的联系,在已有的关系上加强信息交互。国内方面,要加快渔业海洋垃圾协同治理模式应用步伐,中央要加强对各地方政府渔业海洋垃圾治理绩效的监管,地方政府之间应该就范围内渔业海洋垃圾污染情况、治理方法与技术等互相交流、分享科技成果,形成治理的有效沟通网络。国际方面,我国应主动谋求渔业海洋垃圾治理合作,要紧密依靠国际组织力量,进一步深化国际对话,统一理念,统一目标,坚决反对因谋求单边利益而破坏海洋环境的行为。

(三)加快治理法律体系建设,优化渔业海洋垃圾治理制度机制

渔业海洋垃圾的治理离不开制度建设。制度规范是渔业海洋垃圾治理的行为标准和运行机制,完善渔业海洋垃圾治理的法律保障与政策建议是提升治理效能、解决困境的重要举措。相关渔业海洋垃圾治理法律法规的出台与完善能够保证在治理过程中遇到问题时有法可依、有章可循。

2023年2月,《中国法治》提出要坚持依宪立法,加快完善中国特色社会主义法律体系。要坚持以习近平法治思想为指导,紧紧围绕学习宣传党的二十大精神,坚持全面依法治国、推进法治中国建设。嵊泗县贻贝养殖"浮球整治"正是紧紧依托法律制度,做到管理者有法可依、执法有度,使经营者心里也有一杆秤。目前,渔业海洋垃圾治理虽然有不少的法律基础,但有一部分存在一定的缺陷,已经跟不上时代,统筹的法律规定也不适用于地方治理。

相较于我国来说,西方国家海洋经济发展进程较快,较早提出了渔业海洋垃圾治理的问题,其健全的法律调解机制可以为我国加以借鉴。欧盟政策法规具有及时性和专业性。在渔业海洋垃圾治理这一领域,欧盟出台了一系列专门的法律法规,《海洋战略框架指令》《废弃物框架指令》《包装和包装废弃物指令》《保护地中海海洋环境和沿海地区公约》《波罗的海区域海洋环境保护公约》《保护东北大西洋海洋环境公约》等区域性政策和立法均对渔业海洋垃圾治理做了明确的规定,很多法律法规和措施都被相关主权国家借鉴。硬法和软法是现代法的两种基本表现形式,硬法是指依靠国家强制力保证实施的规范体系,而软法是国家制定或者认可但是行为模式相对来说比较模糊、没有规定法律后果的法规体系。硬法和软法都有优势和局限性,二者之间相互补充,不可分割。欧盟虽然存在一些软性文书,但是在时机成熟时会推进软法向硬法转化。如欧盟委员会发布的《西部地中海地区蓝色经济可持续发展倡议》和《欧洲循环经济中的塑料战略》下一步很有可能升级为区域性的正式法律。调查显示,现在我国针对渔业海洋垃圾治理的相关法律较少,可以借鉴欧盟经验,先确定渔业海洋垃圾治理的目

标、计划、责任与义务等,随之加以固定化和规范化,推出专门针对渔业海洋垃圾治理的法律文书。渔业海洋垃圾治理是海洋环境保护和治理的重要环节,要加快推出适用性更强的法律体系;同时要进一步深入国际对话,推动国际相关法律制度颁布。

(四)协调社会多方主体利益,深化渔业海洋垃圾治理合作机制

唯物辩证法中提到世界是一个联系的有机整体,各个事物内部,以及该事物同周围事物都存在联系,孤立的事物是不存在的,没有联系就没有世界。世界上的一切事物都与周围事物有着或多或少的联系,渔业海洋垃圾治理与社会中的各利益主体息息相关。一方面政府部门需要将自身的信息资源分享给公众、企业等多方主体,满足群众的知情权,同时了解公众、企业所掌握的信息,在配以合适权力与责任的前提下与其他主体充分沟通交流,在做决策时充分听取多方主体的意见与建议,将全过程民主贯彻到底;另一方面,政府应创建信息共享平台,鼓励公众积极参与渔业海洋垃圾治理,加强公众的主人翁意识。

治理渔业海洋垃圾不仅是国家的责任,更是每一个人的责任,这种责任呈现全球化的趋势,渔业海洋垃圾治理活动需要在坚持"全球化"和"多边主义"的前提下,敦促社会不同层面的利益主体,包括政府部门、企业、社会组织及社会公民都加入治理渔业海洋垃圾的活动。集思广益、大胆创新,加深对渔业海洋垃圾产生、治理的科学认识,加大力度研发渔业海洋垃圾回收技术,着重发展绿色渔业循环经济。

第三节 基于"湾(滩)长制"的渔业海洋垃圾整体性治理机制创新

长三角地区位于我国东部沿海的长江入海冲积平原上,是我国综合实力最强、创新能力最强、对外开放程度最高、经济发展最活跃和发展潜力最大的区域之一,在我国经济发展中发挥举足轻重的作用。2019年《长江三角洲区域一体化发展规划纲要》对长三角区域一体化高质量发展作出重要部署。随着长三角区域一体化高质量发展的推进及海洋强国战略的实施,长三角地区迎来了海洋经济全面发展和开放的新机遇,同时对长三角沿海区域渔业海洋垃圾治理提出了新挑战。近年来,长三角沿海区域成为我国海洋污染最严重的区域之一,海洋生态环境已成为长三角区域一体化高质量发展的重要制约因素。海洋的流动性和整体性等决定长三角沿海区域的海洋污染存在显著的"跨界传导"现象,开展区域协同治理迫在眉睫。

区域一体化视角下的协同治理以协同理论和治理理论为基础,是为保护和增加社会公共利益,一定区域内的行政主体、企业、公众和非政府组织在遵循现有政策法规的前提下,以政府为主导,采用平等协商、积极参与和实施合作等形式管理社会公共事务及采取相应对策的总称。换言之,区域协同治理强调多主体基于利益共同体而采取集体行动,相互配合、相互协调和共同进步,优于传统意义上的治理模式。为破解长三角沿海区域渔业海洋垃圾治理难题,中央与地方政府相继颁布和实施一系列制度和政策,进一步强化长三角沿海区域渔业海洋垃圾协同治理。然而由于当前开展渔业海洋垃圾协同治理存在体制和机制的障碍,实际治理效果尚不明显,仍有较大的提升空间。基于此,破解长三角沿海区域渔业海洋垃圾协同治理的困境,推进整体性治理机制创新,是当前理论和实践的重要课题。

一、整体性治理与"湾(滩)长制"的关系

"湾(滩)长制"作为渔业海洋垃圾治理的一种模式,在促进海洋生态环境治理的同时,离不开整体性治理的作用。整体性治理在实践应用中所包含的多主体变量影响着"湾(滩)长制"的实施。

（一）外部环境中的政治、经济、社会及技术层面各要素与"湾(滩)长制"的执行紧密相连

一个适宜的外部环境是"湾(滩)长制"得以顺利推进并发挥效用的根本保障,它能为整体性的渔业海洋垃圾治理工作奠定坚实的基础,并创造有利条件,从而达成显著的治理成果。外部环境与"湾(滩)长制"的关联性显著体现在以下方面:首先,健全的政策体系为"湾(滩)长制"的推行提供了有力支撑。"滩长制"在沿海区域的广泛推行,开创了渔业海洋废弃物管理的一种创新模式。2017年9月,浙江省获得了国家海洋局的支持,成为全国首批实施"湾长制"的试点省份之一。响应国家号召,自2017年以来,舟山市全面实施了"湾(滩)长制",并在2018年组建了湾(滩)长制试点工作组,发布了《舟山市全面推行"湾(滩)长制"的行动计划》,积极展开旨在解决渔业海洋垃圾问题的"湾(滩)长制"项目。其次,优越的经济基础为"湾(滩)长制"的推行提供了有力支持。2020年的渔业和农村常住居民人均可支配收入为3.9096万元,位列全省第三。与此相应,该地区农村居民的人均生活消费支出约为2.39万元,且呈现出0.1%的增长率。政府与渔民均具备财政资源以支撑"湾(滩)长制"实施。再次,优越的社会风气促进了"湾(滩)长制"的推行。舟山市的渔农村展现出优越的社会风气与高效的基层治理水平,显著特征之一是广大村民表现出高度的热情参与到渔业与海洋垃

圾管理工作中。2019年,舟山市的千岛海洋环保公益发展中心整理了从2018年到2019年上半段的统计数据。数据显示,在这一时间段内,共有39个不同的社会公益团体加入了海滩垃圾清理的行列。此外,超过5000名热心公民以志愿者的身份投身于渔业海洋垃圾的整治工作中。舟山市在开展全国文明城市创建的过程中,实施了乡风评议与乡风文明指数测评,同时大力推动渔农村文明村镇的建设工作。至2020年,该市已成功建立起县级及以上的文明村镇,其覆盖率达到75%。最后,技术支撑有效推动了"湾(滩)长制"的执行与落地。2019年,舟山市普陀区海洋与渔业局携手中国移动通信集团浙江有限公司普陀分公司,为每一位湾(滩)长配备了智能手机。此举推动了移动端设备在普陀区的普及,进而促进了巡滩App的广泛应用与持续发展。此外,普陀区已在其所属的29个关键海滩区域部署了监控设施,由此构建了舟山市渔区"湾(滩)长制"信息化管理平台的雏形。这一举措显著提升了对渔业海域内垃圾的在线实时监控能力。

(二)各主体的协同动机影响着"湾(滩)长制"整体性治理的实施

在"湾(滩)长制"的实施过程中,政府、企业、社会组织和公众在协同参与渔业海洋垃圾整体性治理的"湾(滩)长制"活动中存在着权力、资源和信息的不对称性问题,为促进"湾(滩)长制"的实施,需要明确各主体参与"湾(滩)长制"的激励和约束机制。不同主体参与渔业海洋垃圾治理有着不同的动机,如企业的参与动机可能是社会责任感,也可能是参与该活动带来的经济利益;社会组织的治理动机可能是社会荣誉感、提高自身的知名度等。这些不同的动机共同助推各主体参与渔业海洋垃圾整体性治理,影响着"湾(滩)长制"的实施。

(三)各主体的协同行为影响着"湾(滩)长制"整体性治理的实施

首先,从政府层面来看,"湾(滩)长制"的实施以政府为主导,各级湾(滩)长,作为地方党政领导,通过系统性的管理举措,集中处理渔业海洋垃圾问题,这实质上体现了政府层面的联合行动。各级海湾(滩涂)管理员的切实责任履行对于"海湾(滩涂)长制度"的有效推行至关重要。其次,从企业层面来看,企业在全面性的渔业海洋垃圾综合治理框架下,扮演着双重角色:一方面,是接受政府监管与社会监督的实体;另一方面,又是环保市场的驱动力量与"湾(滩)长制"的积极参与者。在实施"湾(滩)长制"的整体性渔业海洋垃圾治理策略中,企业的协同行为体现为两种主要模式:一是消极的"无作为",二是积极主动地参与协同治理过程。企业主动参与整体性渔业海洋垃圾治理,有力地促进了"湾(滩)长制"的推行与实施。再次,从社会组织层面上看,社会组织在执行"湾(滩)长制"及激励公众广泛参与这一制度的全面协同治理过程中,扮演着不可或缺的角色。2021年3月,舟山市美丽舟山建设领导小组及其"五水共治"(河长制)办公室为了加速"湾(滩)长制"的实施进程,积极地提供了支持,旨在鼓励并辅助民间公益组织自愿参与创建文明典范的湾(滩)区。在文明示范湾(滩)的试点项目中,社会组织担当着连接政府、企业和公众的重要角色,其有效参与极大地促进了"湾(滩)长制"的推行,实现了对渔业海洋垃圾的全面协同治理。最后,从面向公众的方面看,公众的协作行动主要体现在他们参与渔业海洋垃圾的全面协同管理的兴趣与深度,公众的积极参与在很大程度上促进了"湾(滩)长制"的推行。

二、舟山市"湾(滩)长制"的实践

为厘清舟山市渔农村"湾(滩)长制"的实践现状,本研究首先通过实地调研的方法,重点向舟山市"湾(滩)长制"办公室及相关部门了解其渔业海洋垃圾治理的具体情况。其次,基于实地调研数据,选取舟山市三个典型的渔农村,并分别简介其"湾(滩)长制"的实施状况。最后,总结舟山市渔农村"湾(滩)长制"协同治理渔业海洋垃圾的实施成效。

(一)案例概括

1.舟山市的地理位置

舟山市地处我国东南沿海的长江口南侧、杭州湾外缘的东海洋面上,由1390个岛屿组成,是我国第一大群岛,是"陆域小市、海洋大市",全市总面积2.22万平方千米,其中陆域面积1440平方千米,海域面积2.08万平方千米,海域面积占全市总面积的90%以上,全市岛屿岸线总长度2447.87千米。

2.舟山市渔农村的基本情况

《2021舟山统计年鉴》数据显示,2020年舟山市以渔农村为主,两区两县共计130个社区,280个村委会(表5-1)。

表5-1 2020年舟山市街道、镇(乡)所辖村委会分布表

县(区)	所辖街道、镇(乡)	所辖村委会名称	所辖村委会数量(个)
定海区	城东街道	洞桥、小礁、胜利、大洋岙	4
	环南街道	盘峙、五联、大猫	3
	昌国街道	义桥、城北、东湾	3
	临城街道	惠民桥、王家墩、东蟹峙、三官堂、黄土岭、甬东、甬庆、毛竹山	8

县（区）	所辖街道、镇（乡）	所辖村委会名称	所辖村委会数量（个）
定海区	千岛街道	高峰、城隍头	2
	盐仓街道	汉河、虹桥、兴舟、昌洲、新螺头	5
	小沙街道	东风、毛峙、青岙、光华、庙桥、大沙、增辉、后岸、前湾、三龙	10
	岑港街道	桥头、涨次、司前、烟墩、坞圻、马目、南岙、桃夭门、册北	9
	马岙街道	三江、五一、马岙、团结、北海、三星	6
	双桥街道	临港、石礁、桥头施、南山、涅溪、紫微	6
	金塘镇	山潭、东堠、西堠、沥平、大观、新丰、大浦、河平、柳行、仙居、穆岙、和建、海港	13
	白泉镇	和平、潮面、繁强、白泉、金山、柯梅、河东、米林、皋泄、洪家、星塔、星马、小展、新港	14
	干览镇	青龙、新建、龙潭、东升、西码头、双庙	6
普陀区	沈家门街道	马峙、大干、鲁家峙、平阳浦、中弄、东岙、大山、教场、蒲湾、泗湾、蚂蚁岛、大岙、竹东、沙头	14
	东港街道	葫芦、永兴、陈家后、塘头、南岙、芦花、蒲岙、曙光、浦东、红旗	10
	朱家尖街道	顺母新、西岙、中欣、莲兴、莲花、南沙、三和、白沙港、大洞岙、莲和、新桉、沙湾	12
	展茅街道	横街、螺门、茅洋新、大展、沙井、黄杨尖、梁横、晓辉	8
	六横镇	蛟头新、石柱头、龙山新、大脉坑、山西、嵩山、积峙、五星、滚龙岙、双塘新、礁潭新、高峰、台门、田岙、梅峙、小湖、小郭巨、平蛟、苍洞、悬山、双屿港、和润、岑夏、杜庄、青联、青山、佛渡、洋山新、张家塘新、沙浦新	30
	桃花镇	公前、盐厂、茅山、沙岙、塔湾、对峙、青龙	7
	虾峙镇	黄石、湖泥、晨港、兴港、灵和、东晓	6
	东极镇	东极	1
	普陀山镇	—	0
岱山县	高亭镇	高亭一、高亭二、大岙二、闸口二、大岐山、东海、大岙一、闸口一、小蒲门、大蒲门、江南、南峰、黄官泥岙、板井潭、枫树、石马岙、渔山、官山、塘墩、南浦、大蛟	21
	东沙镇	泥峙、司基、桥头	3

县（区）	所辖街道、镇（乡）	所辖村委会名称	所辖村委会数量（个）
岱山县	衢山镇	岛斗、幸福、岛扎、小衢、黄泽、皇坟、枕头山、三弄、太平、塘岙、打水、黄沙、桂花、樟木山、沙塘、沼潭、四平、渔耕碗、石子门、涨网套、凉峙、马足、龙潭、乍浦门、万南、万北、鼠浪、田涂、东岙、高涂	30
	长涂镇	东剑、倭井潭、港南、长西	4
	岱西镇	青黑、后岸、前岸、摇星浦、茶前山、双合、海丰、火箭	8
	岱东镇	涂口、北峰、沙洋、龙头、虎斗	5
	秀山乡	秀东、秀南、秀北	3
嵊泗县	菜园镇	基湖、高场湾、青沙、关岙、石柱、小关岙、马迹、金平、绿华	9
	嵊山镇	壁下、箱子岙、陈钱山、泗洲塘	4
	洋山镇	滩浒	1
	五龙乡	边礁、黄沙、田岙、会城	4
	黄龙乡	南港、北岙、大岙、峙岙	4
	枸杞乡	龙泉、干斜、里西、东昇、奇观	5
	花鸟乡	花鸟、灯塔	2

数据来源：《2021舟山统计年鉴》。

2017—2021年的《舟山统计年鉴》数据显示，舟山市渔农村由2016年的195个减少为2020年的172个，渔业人口数占总人口数的比例较大，见表5-2。由上述可知，舟山市是一个以渔农村为主的城市，舟山市沿海区域也以渔农村为主。而且"湾（滩）长制"主要是一种针对沿海区域发挥功能，治理渔业海洋垃圾的模式，因此，选取舟山市渔农村作为研究区域来研究"湾（滩）长制"的实施现状与问题时，用舟山市海洋生态环境的相关数据代替舟山市渔农村的数据具有一定的参考价值。

表5-2　2016—2020年舟山市渔业村相关数据统计

时间	渔业村（个）	渔业户（户）	渔业人口（人）	渔业劳动力（人）
2016年	195	70880	199241	101046
2017年	195	69828	194166	100904
2018年	212	70996	196516	107159
2019年	170	71634	188948	104106
2020年	172	70273	189765	102780

数据来源：2017—2021年《舟山统计年鉴》。

（二）舟山市"湾（滩）长制"的历史演进

2016 年底，在借鉴"河长制"治水成功经验的基础上，浙江省象山县在全省率先推出"滩长制"这一护海新机制。2017 年 7 月，"滩长制"工作在沿海地区全面实施。2017 年 9 月，浙江省在国家海洋局的支持下成为全国首批"湾长制"试点省份。自此，浙江省从以滩面管理为主的"滩长制"向覆盖海洋综合管理的"湾（滩）长制"拓展。

舟山市自 2017 年起全面推行"湾（滩）长负责制"，海洋生态环境明显改善。2018 年 9 月，舟山市成立"湾（滩）长制"试点工作领导小组，并印发《舟山市全面推行"湾（滩）长制"实施方案》，确立了市、县、乡、村四级"湾（滩）长制"组织体系。此后，舟山市各区县因地制宜，深入推进"湾（滩）长制"工作，切实促进渔业海洋垃圾的协同治理。2021 年 3 月舟山市美丽舟山建设领导小组"五水共治"办公室为推进"湾（滩）长制"工作，支持民间公益组织志愿创建文明示范湾（滩）。湾滩清洁保护的民间志愿力量日益壮大，在有效补充"湾（滩）长制"的同时，进一步促进了舟山市渔农村渔业海洋垃圾及海洋生态环境协同治理。

随着"湾（滩）长制"试点工作的开展，"湾（滩）长制"在借鉴河长制、湖长制等实践经验的基础上不断完善，已经形成了较为完善的治理机制，并在全国沿海地区推广实施。从"河长制"到"湾（滩）长制"的演进展现了水环境内一种简单的历史逻辑关系（图 5-2）。

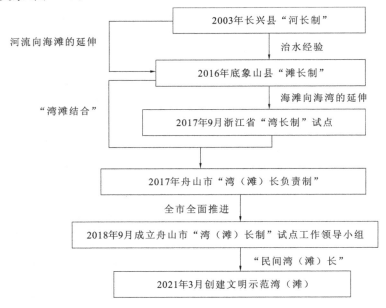

图 5-2 舟山市"湾（滩）长制"的历史演进

(三)舟山市"湾(滩)长制"的基本内涵

"湾(滩)长制"是为治理渔业海洋垃圾、保护海洋生态环境而建立的一种新型海洋生态环境治理模式,是以逐级压实地方党委、政府海洋生态环境保护主体责任为核心,以构建海洋生态环境保护长效管理机制为主线,以改善渔业海洋垃圾现状、维护海洋生态安全为目标,加快建立健全陆海统筹、河海兼顾、上下联动、协同共治的治理模式。通过在全市推广"湾(滩)长制"工作,促使管理保障能力显著提升,海洋生态环境明显好转,水质优良比例稳步提高,海洋经济社会功能与自然生态系统更加协调,实现水清、岸绿、滩净、湾美、物丰的蓝色海湾治理目标。

(四)舟山市"湾(滩)长制"的实施现状

要想管理好海洋生态环境、治理好渔业海洋垃圾,就必须治理好滩涂和海湾,湾滩治理是海洋生态文明建设的关键环节,也是开展渔业海洋垃圾治理的重要一环。"湾(滩)长制"的实施有助于海洋生态环境与渔业海洋垃圾协同治理,"湾(滩)长制"的运行机制如图5-3所示。当前舟山市已经全面设立了湾(滩)长信息公示牌,为深入推进建档立库工作,开始对"一滩一档"档案资料和台账进行管理。《实施方案》明确了各级湾(滩)长的任务和职责,并将湾(滩)长的履职考核纳入"五水共治"考核内容。《舟山市湾(滩)长巡查管理制度》和《部门联席会商制度》明确规定了定期召开工作推进会、协调会和成员单位联席会议,对检查中发现的问题及时进行整治和跟踪督办。

舟山市自2017年起全面推行"湾(滩)长负责制",全市划定纳入管理的湾滩321个,涉及岸线总长度942千米。按照区域与湾滩流域相结合的原则,建立了市、县、乡、村四级"湾(滩)长制"组织体系,配备湾(滩)长409名,其中市级总湾长1名、区(县)级湾(滩)长5名,乡镇(街道)级滩长118名、村(社区)级滩长200名,协管员85名,形成责任落实到人、纵到底横到边的"湾(滩)长制"长效工作机制。市政府主要领导担任市级总湾(滩)长,分管生态环境的负责人担任副总湾(滩)长,相关区(县)领导担任区(县)级湾(滩)长,沿海乡镇政府及街道办事处主要负责人担任镇级湾(滩)长,沿海村(社区)主要负责人担任村(社区)级湾(滩)长。确保全市所有海湾(滩)与近岸海域管理无缝对接。

为厘清舟山市渔农村"湾(滩)长制"的实施状况,研究确定了基于"湾(滩)长制"的主要任务:一是取缔海湾(滩)违禁渔具、"三无"渔船;二是监管入海排污口和农药清滩行为;三是对非法占有海滩,非法造、修、拆船的行为加强巡查、监管、查处;四是加强岸线管理和整治修复。并结合《中国海洋生态环境状况公报》的相关指标,从近岸海域水质、渔业海洋垃圾、违法违规现象三个方面分析确定舟山市渔农村"湾(滩)长制"的实施现状。

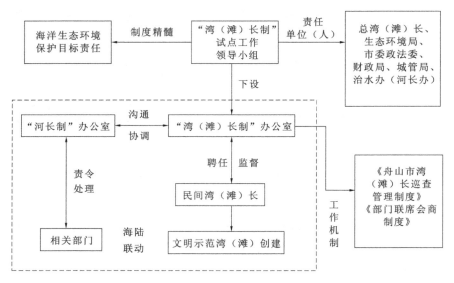

图5-3 "湾(滩)长制"的运行机制

1. "湾(滩)长制"保护近岸海域水质的状况

随着舟山市渔农村"湾(滩)长制"的扎实推进,2019—2020年,全市完成47个入海排污口规范化整治,新增入海排污口备案18个;制定"一口一策"整改方案,实施入海排污口备案制,动态更新入海排污口信息;结合渔港实际,创新研发推广船舶污水收集装置,缓解码头渔船残油、生活污水排放处置问题;积极推进船上垃圾分类收集、生活污水处理装置配备等工作,基本实现渔船生产作业对海洋生态环境"零伤害"。2017—2020年《舟山市生态环境状况公报》统计数据显示,舟山市渔农村近海水质处于不断改善的态势,劣四类海水占比由2017年的48.4%下降为2020年的26.4%(图5-4)。

2. "湾(滩)长制"治理渔业海洋垃圾的状况

《舟山市湾(滩)长巡查管理制度》明确了各级湾(滩)长巡湾(滩)的任务(表5-3)。通过案例研究法和实地调研等方法,按渔业海洋垃圾的实际回收处理方式分类,舟山市"湾(滩)长制"在实施过程中主要运用了四种模式,即湾(滩)长巡查模式、"湾(滩)长＋保洁员"模式、"湾(滩)长＋护滩员＋保洁员"模式及非正式模式。由于渔业海洋垃圾的流动性和治理的复杂性,这四种模式并非独立使用,在舟山市渔农村"湾(滩)长制"的实践过程中,为有效地治理渔业海洋垃圾,往往需要同时使用两种或多种模式。

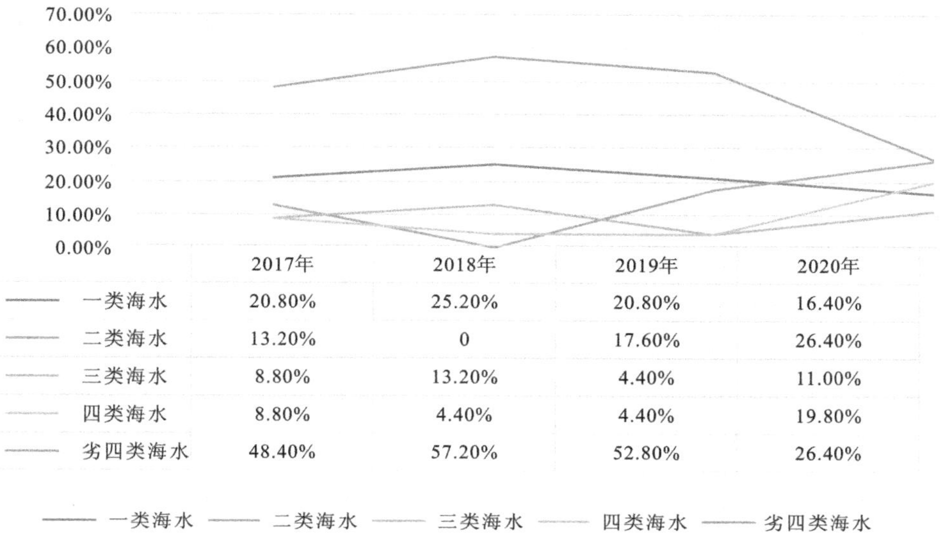
70.00%
60.00%
50.00%
40.00%
30.00%
20.00%
10.00%
0.00%
2017年 2018年 2019年 2020年
一类海水 20.80% 25.20% 20.80% 16.40%
二类海水 13.20% 0 17.60% 26.40%
三类海水 8.80% 13.20% 4.40% 11.00%
四类海水 8.80% 4.40% 4.40% 19.80%
劣四类海水 48.40% 57.20% 52.80% 26.40%
一类海水 二类海水 三类海水 四类海水 劣四类海水

图 5-4 2017—2020 年舟山市近海岸海域水质状况统计

数据来源：2017—2020 年《舟山市生态环境状况公报》。

表 5-3 各级湾(滩)长任务要求

级别	频次	主要职责	共同任务
区(县)级湾(滩)长	每月至少巡查一次	负责指导、协调滩涂各项保护管理工作，督导下一级湾(滩)长和区有关责任部门履行职责	要求各级湾(滩)长做好湾(滩)巡查日志
乡镇(街道)级湾(滩)长	每半月至少巡查一次	负责组织、落实、开展日常检查、督促考核，提出滩涂管理新思路、新方法	
村(社区)级湾(滩)长	每旬至少巡查一次	负责精确掌握所辖海湾(滩)的基本情况，开展日常巡查，及时发现和制止违法违规行为，引导村民自觉维护滩涂	

第一种是湾(滩)长的巡查方式。在舟山市的渔农村，湾(滩)长巡查模式被广泛认为是一种有效的方法，并在实施湾(滩)巡查制度时被确定为一个普遍适用的模式。根据政府的相关文件和访谈记录，村(社区)级湾(滩)长在其定期的巡查中观察到该地区存在渔业海洋垃圾的污染问题。面对渔业海洋垃圾数量稀少且分布范围有限的情况，湾(滩)长选择主动进行回收和处理；在处理超过海域面积或水域环境承载力范围的渔业海洋垃圾时，应委托第三方专业机构负责打捞作业。对于超出湾(滩)长单独处理能力的渔业海洋垃圾污染情况，必须履行报告职责，及时向乡镇(街道)等上级领导报告渔业海洋垃圾的分布情况，然后由乡镇(街道)进行渔业海洋垃圾的回收处理。

第二种是“湾(滩)长+保洁员”模式。在湾(滩)长巡查模式的基础上，部分渔农村海岸带人类活动频繁,渔业海洋垃圾分布的不确定性强,定期巡查已经不能满足公众对海洋环境整洁的需求。因此,在湾(滩)长巡查模式的基础上,各地因地制宜,根据海面垃圾分布和潮汐情况设立常态化巡回保洁机制,以保持海湾(滩)洁净。"湾(滩)长＋保洁员"模式的运作主要表现为两种形式。一种是非固定的保洁员形式,村(社区)级湾(滩)长在巡滩时发现较大规模的渔业海洋垃圾污染现象,上报给乡镇(街道)级湾(滩)长,再由乡镇(街道)委托第三方保洁开展渔业海洋垃圾回收处理工作。另一种是长期雇佣的保洁员形式,由乡镇(街道)按县劳动局的相关规定设立公益性岗位,长期雇佣当地低保户村民担任保洁员,每日开展巡滩活动,发现并清理渔业海洋垃圾。

第三种模式被称为湾(滩)长＋护滩员＋保洁员模式。这也是我国目前最常见、最为有效的一种护滩管理模式。"湾(滩)长＋护滩员＋保洁员"模式是在"湾(滩)长＋保洁员"模式的基础上,新增了一个全职的"护滩员"。该模式可以使所有人员都参与到防浪工作中去,从而提高工作效率和质量。经过实地考察,我们发现选择这种模式的主要驱动因素是海域受到气象条件的显著影响。随着舟山海岛旅游业的不断发展,海岛居民越来越重视自身的生活环境和质量。由于台风的作用,舟山市的某些海域渔业产生的海洋垃圾流动性得到了增强。这些海洋垃圾不仅数量众多、密度高,还破坏了沙滩的外观,这可能会妨碍当地的乡村旅游经济增长。另外,由于海上作业人员缺乏专业的管理知识和技能,也给海滩带来了污染。因此,设置"护滩员"来维护滩涂是非常必要的。

第四种是非正规的方式。舟山市渔农村渔业海洋垃圾治理实践中,除了上述三种湾(滩)长直接参与的治理模式外,还存在两种湾(滩)长间接参与治理的模式,即行业管理单位负责模式和民间湾(滩)长模式。

行业管理单位负责模式是按"属地原则"划分,由海滩所在行业管理单位的负责人(法人)承担海洋环境保护职责的模式。相关数据显示,舟山市共有106家企业符合行业管理单位负责模式的要求,因而这些企业的法人被视为所属湾(滩)保护的责任主体,需要承担湾(滩)巡查和渔业海洋垃圾清理回收的责任。

自2021年3月起,舟山市渔农村开始正式实施民间湾(滩)长模式,这一模式主要是由舟山市千岛海洋环保公益发展中心的负责人提出的。其宗旨是利用舟山丰富的海洋资源和良好的生态环境,探索一种适合海岛特色的经济发展新模式。这种模式的实施可以分为三个阶段:首先是舟山市的"治水办"主导并负责部分资金的注入;第二个步骤涉及由公益机构吸引企业赞助,并通过企业的冠名赞助等途径来获得与渔业海洋垃圾清理相关的物资;第三是政府购买服务,为渔民提供清洁能源和生活污水处理设施等公共服务。第三个步骤涉及由公益机构向大众公开征集来自湾(滩)长和净滩的志愿者,以进行渔业和海洋垃圾的清理工作。随着社会大众对海洋环境保护意识的逐渐增强,民间的湾(滩)长项目规模也在持续扩张,其在舟山市渔农村渔业海洋垃圾的协同治理中的影响也在不断加强,起到了不可忽视的作用。

　　随着舟山市渔农村"湾(滩)长制"的深入发展,政府、企业、公众和社会组织等主体之间的关系发生了微妙的变化。舟山市推进"湾(滩)长制"实践的过程也是政府转变职能的过程。当前在舟山市渔农村"湾(滩)长制"协同治理渔业海洋垃圾的工作中,政府、公众、企业和社会组织之间初步形成的互动关系如图5-5所示。

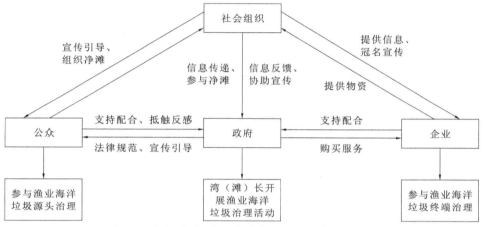

图5-5　政府、公众、企业和社会组织之间的互动关系

　　在渔业海洋垃圾回收处理方面,2021年3月舟山市城市管理局(综合行政执法局)联合舟山市美丽舟山建设领导小组"五水共治"办公室共同出台《关于进一步完善湾(滩)垃圾收运体系的指导意见》,明确各职责单位对岸滩和近海渔业海洋垃圾治理工作负主体责任(表5-4)。

表5-4　舟山市各部门进行湾(滩)垃圾治理的职责分工

职责单位	主要职责分工
市治水办	负责指导协调相关单位、属地政府做好湾(滩)巡查及垃圾治理
市城市管理局	负责协调指导城镇湾(滩)垃圾收运工作
市住房和城乡建设局	指导各县(区)、功能区完善湾(滩)垃圾收运、暂存设施建设
市农业农村局	负责协调指导渔农村湾(滩)垃圾收运工作
市文化和广电旅游体育局	负责协调指导景区景点湾(滩)垃圾收运工作
市海洋与渔业局	负责协调指导渔业港口湾(滩)垃圾收运工作
市港航和口岸管理局	负责协调指导港口湾(滩)垃圾收运工作
各县(区)、功能区	负责辖区湾(滩)巡查及垃圾发现、清理、收运工作,落实资金保障;完善长效管理机制

3. "湾(滩)长制"处理违法违规现象的状况

由于"湾(滩)长制"的特殊属性,各级湾(滩)长及"湾(滩)长制"办公室并不具有行政执法权。因此"湾(滩)长制"在海洋生态环境违法违规现象的处理方面充分展现了政府各部门的协同治理和协作联动。其运行机制主要表现为:湾(滩)长在例行巡滩过程中,一旦发现所属海域存在涉海或涉渔方面的违法违规现象,通过湾(滩)长部门信息报送制度,及时将违法违规问题上报给上一级部门单位,层层上报至具有行政执法职能的部门单位,如市海洋与渔业局等。

随着舟山市渔农村"湾(滩)长制"在渔业海洋垃圾治理方面的持续推进,政府部门采取了一系列措施,如兼并重组、整合搬迁和关停等,以整顿全市存在的"低、散、乱"修船企业。目前已基本摸清了各类船舶及码头情况,并制定出《关于进一步加强舟山海域管理维护海洋环境安全的意见》,为后续全面开展整治奠定了基础。根据 2020 年舟山市生态环境局公布的数据,42 家修船公司已经完成了阶段性的整治工作,而 37 家已经停产,还有 9 家正在进行整治工作。舟山海洋污染形势依然严峻。随着舟山市政府组织的"海盾""碧海""护岛"等专项行动逐渐深入,对非法用海和破坏海洋生态环境的行为进行了严格的规范;致力于建设"环境执法最为严格的城市",并对各种环境相关的违法和犯罪行为进行严格的打击。随着"湾(滩)长制"的深入实施,舟山市的渔农村开始尝试将环境污染问题的发现和处理纳入乡镇(街道)的综合行政执法体系中,以严肃的态度处理海洋生态环境的违法和违规行为。近年来,随着海域管理力度加大,海岛开发规模扩大以及岸线开发利用强度不断增加,舟山近岸海域环境质量总体呈持续下降趋势。自 2018 年起,一系列的通知如《关于进一步落实海岸线巡查工作的通知》《舟山市海洋行政执法大队关于进一步加强海岸线巡查工作的通知》《舟山市海洋行政执法大队关于开展海岸线巡查工作的通知》相继发布。这些通知明确要求海洋执法部门采用陆海联合的方式对全市的海岸线进行巡查。到 2021 年为止,已经进行了 915 次海岸线巡查。

三、"湾(滩)长制"实施的典型案例分析及机制创新

质性和案例研究在国内外管理学界越来越受到重视并被普遍采纳,案例选取对于案例研究至关重要。选取本节案例的依据主要是:兼顾舟山市三个典型渔农村地理位置分布的均衡性,分别从舟山市定海区、普陀区和岱山县选取一个具有特殊性的实施渔业海洋垃圾协同治理的"湾(滩)长制"的渔农村,且三个典型渔农村分别位于舟山市本岛、南部和北部,具有明显的地区特征。

（一）案例简介

1. 定海区白泉镇小展村的基本情况

小展村在北蝉乡东南方向，紧邻舟山本岛的最高点——黄杨尖山的北坡，是一个四面环水、依山面海、风光秀美的美丽村庄。该地区三侧被山脉环绕，另一侧则毗邻大海，呈现出东西方向的狭窄地貌。东侧毗邻黄大洋，南部与普陀区的展茅镇和临城新区接壤，而西侧和北侧则与洪家社区以山脉为邻。地理位置独特，自然环境优越，交通便捷，经济发展迅速。该区域的总面积大约为 8.5 平方千米，与乡政府驻地的距离大约是 2 千米，而与定海和沈家门城区的距离则分别约为 20 千米。村庄地处海岛腹地，交通便捷。2001 年的 12 月，原先的东峰村和蝉南村合并为东南村；2002 年的 5 月，东南村和原小展村再次合并为小展村；2005 年 4 月，小展村和海峰渔业村也合并为一个新的村落。整个村庄共有 1136 户渔农民，总人数为 2820 人，其中包括 142 名党员和 5 名预备党员。此外，该村还设有 3 个党支部，下辖 7 个党小组，这些党小组分布在 13 个自然村落之中。渔村地处大凌河畔，境内海淡水资源丰富，气候温和宜人，适宜于水产养殖业发展，渔业生产条件得天独厚，渔业经济发达。该地区拥有 1210 亩的水田、1092 亩的旱地、400 亩的盐田、6300 亩的山林，以及 9 艘钢制渔船，是全乡独一无二的渔农村社区。

2. 普陀区朱家尖街道樟州村的基本情况

樟州村在舟山朱家尖岛的东侧，背靠着樟州山，被三面海域环绕，是一个具有代表性的渔村。全村以养殖对虾为主。樟州村占地大约 2 平方千米，共有 422 个家庭和 1189 名居民，其中包括 49 名党员，以及 812 名渔业劳动者和 172 名渔民。全村以传统的农业生产为主，兼营水产养殖和捕捞等产业。这个小村庄内生活着众多的畲族居民。根据当地的记录，这个村子里存在 56 个不同的姓氏，他们主要是从不同的地方迁移过来的，以福建闽东籍为主，还有不少人来自广东和台湾等地。2017 年 7 月，《莲花村历史文化村落保护利用重点村规划》决定将樟州村纳入莲花村的管理范围内。

樟州村位于樟州湾和小兰头湾附近。通过对当地居民进行问卷调查，发现渔民普遍认识到海洋污染带来的危害，并积极采取各种措施减少或杜绝环境污染。在实施"湾（滩）长制"的海洋生态环境协同治理过程中，樟州村的村民在处理渔业海洋垃圾上展现出了高度的参与意识。另外，由于潮流的作用，樟州湾的沙滩上经常可以看到海漂垃圾。为了确保樟州湾沙滩的清洁度，樟州村尝试建立了一个村级的湾（滩）雇佣保洁员制度，这是一个专门收费雇佣保洁员的机制，用于常态化湾（滩）的清理工作，从而有效地促进了海洋生态环境和渔业海洋垃圾的共同治理。

3.岱山县衢山镇涨网套村的基本情况

涨网套村坐落在舟山本岛的北侧,由涨网套和黄沙岙两个自然村落构成,全村分为 5 个村民小组,共有 500 户家庭,总人口达到 1283 人。涨网套村三面环海,一面环山,是典型的海岛型村落,与大陆隔海相望,地理位置优越,交通便利,具有得天独厚的发展优势。涨网套村是一个渔业经济发达的渔村。村里有 1 个党总支和 2 个党支部,总共有 54 名党员。涨网套村渔业经济发展较快,渔业生产初具规模,已成为舟山市水产养殖基地之一。该地区共有 61 艘渔船,包括 57 艘本地帆张网渔船、1 艘挂靠船、2 艘渔运船和 1 艘油船。该村的下海劳动者总数为 1014 人,包括 506 名来自县外的人员,这里主要是一个以渔业为主导的渔村。经过 3 年的持续努力,整个村庄已经达到了生产增长、生活水平提高、乡村文明、环境整洁以及民主管理的目标。在过去的 3 年中,社会治安的综合管理网络得到了完善,共发现了 92 起矛盾和纠纷,主要集中在渔业纠纷上,全部得到了成功调解。

涨网套村位于涨网套后的沙滩附近,随着乡村旅游业的飞速增长,涨网套后的沙滩人流量持续上升,这给海洋的生态环境带来了显著的冲击。为确保渔民群众生命财产安全和海洋环境不受损害,涨网套村积极采取措施加强海域管理。随着"湾(滩)长制"的深入实施,涨网套村与当地的渔船资源相结合,积极尝试并建立了湾(滩)管船的管理机制。为确保辖区内各类船型在涨潮时都能正常航行并安全靠岸,根据《中华人民共和国渔业法》等相关法律法规,制定了相关海域管理规定和海上交通安全条例。利用"湾(滩)长"的定期巡查和及时通知执法部门的联合措施,成功实现了对沿海涉渔"三无"船舶的全面监控和打击,从而有效地取缔了涉渔"三无"船舶。

(二)实施成效

通过对上述三个案例的研究分析,从渔业海洋垃圾协同治理、违法违规协同治理和海洋渔业资源协同保护三个方面对舟山市渔农村"湾(滩)长制"在海洋生态环境治理和保护过程中取得的实施成效进行概述。

1.渔业海洋垃圾协同治理的成效

"清洁海滩行动"被视为实施"湾(滩)长制"常态化工作、推动湾(滩)清洁制度化以及促进渔业海洋垃圾长期治理的一个关键措施。近年来,随着我国海岛开发和建设步伐不断加快,舟山渔民生活条件得到改善,但部分近岸海域水质恶化等环境问题仍较为突出。舟山市生态环境局公布的数据表明,在 2019 年至 2020 年间,舟山市渔农村湾(滩)长已经进行了超过 10000 次的巡湾(滩)活动,达到了 95.2% 的巡湾(滩)率。在这段时间里,共发现并上报了 549 个问题,在规定的时间内实现了 100% 的问题处理率。自 2020 年起,舟山市的各个区域根据海面垃圾的分布和潮汐变化,进行了常规的巡回清洁工作。他们委派了 9 个第三方机构来清洁海滩,安排了 750 名海域和海岸线的保洁人员,以及 9872 人次的巡回保洁,从而有效地提高了海滩的清洁度。随着舟山海洋经济发展进入新阶段,近岸污染问题日益凸显,海岛岸线资源开发与生态环境保护矛盾日益突出,迫切需要加快推进海岛清洁海湾建设,以提升岛礁环境质量和人居环境质量。自 2020 年 11 月起,舟山市治水办积极组织并实施了净滩活动,累计投入资金 963 万元,参与渔农村海滩净滩行动的共 9972 人次。该活动对岸滩进行了长达 73265.5 千米的巡护和保洁,成功清理了 23 个湾滩的垃圾,总量达到 2482.5 吨,其中塑料垃圾约占 850.3 吨。

2. 违法违规协同治理的成效

为了进一步强化海洋的综合执法,舟山海警局、舟山市自然资源和规划局、舟山市生态环境局以及舟山海事局等与海洋相关的部门共同加强了对海洋生态环境和渔业海洋垃圾治理的监督和检查工作,并启动了“湾(滩)长制”涉海涉渔违法违规的整治行动,各相关单位对辖区内存在的涉海涉渔违法行为进行了集中清理整改。根据舟山市政府的公开资料,2019 年舟山市已经立案处理了 44 起与海洋相关的环境违法事件,并对其进行了 751 万元的罚款。在 2020 年到 2021 年的上半年这一时期,联合专项行动动员了超过 1000 名执法人员,对海岸工程项目进行了 260 次的排查,对排污口进行了 140 多次的排查,并对 17 起环境违法行为进行了立案处理。通过开展一系列的创新举措和实践探索,形成了一套符合浙江实际情况的海洋环境违法案件处置机制。2021 年上半年,舟山陆海统筹环境协同管理平台的环境问题智能化发现查处案例被选为生态环境部“优化执法方式典型案例”,这表明通过数字化改革可以提高环境监管执法的效能。

3. 海洋渔业资源协同保护的成效

舟山市拥有舟山渔场这一海洋渔业基地,还建有 12 个渔港经济区。为应对近年来不合理渔业捕捞造成的海洋生态环境系统破坏问题,需要加大对海洋渔业资源的保护力度。“湾(滩)长制”的深入推进对海洋渔业的作业方式和渔船标准发挥着监督作用,有助于减小其对海洋生态环境造成的负面影响。为切实保护海洋渔业资源,舟山市渔农村“湾(滩)长制”在探索中推出了“港长制”模式,促进渔港在服务渔业生产、保障渔船安全生产、加强渔业资源管控等方面的功能升级。“港长制”促进了涉渔部门、涉港部门和沿海乡镇的渔业资源保护力量的整合。根据舟山市渔农村渔港的分布情况、各地区渔民的渔业经营习惯和渔政部门管理渔业资源的配备状况,组织建立渔港综合管理站点,要求加强定点上岸渔港渔货装卸、物资补给、市场交易、物流配送、冷藏加工、信息平台等基础设施建设,确定"渔获物定点上岸渔港"名录,防止海洋渔业资源的过度、不合理捕捞,促进了海洋渔业资源的协同保护。

(三)存在的不足

"湾(滩)长制"基于"河长制"和"湖长制"的实践经验,从河湖扩展到海湾(滩)。与"河长制"相似,它也源于地方的创新和试点推广,在海洋生态环境的协同管理过程中,它具有独特的特点。舟山群岛新区作为全国首个以生态文明为目标建设的国家级新区,其海洋生态环境也面临着新形势、新要求,亟须建立起一套行之有效的管理机制来保障舟山海洋生态环境健康有序发展。通过对收集到的数据和信息进行整理和分析,受访者普遍表示,舟山市政府部门在执行"湾(滩)长制"过程中进行了有效的协调和联动,实施了多项针对海洋生态环境的协同治理措施,并在舟山市渔农村海洋生态环境的协同治理方面取得了显著的成效。这些成绩为进一步推进舟山海洋资源开发保护提供了重要保障。然而,从协同治理的理论出发,我们观察到舟山市渔农村的"湾(滩)长制"在协同治理机制上仍有待完善。首先是外界环境的制约因素。具体而言,由于政策执行不彻底、资金来源缺乏多样性以及技术支持不足,这些因素共同制约了"湾(滩)长制"协同治理机制的进一步优化。其次,是协同动机所带来的限制作用。主要表现在缺乏法律制度体系支持以及激励约束机制不健全等方面。这些因素共同导致了"湾(滩)长制"协同治理动机的不足。三是合作行为存在缺陷。具体体现为缺乏对"湾长"职责与义务的界定,造成了"湾(滩)长制"协同利益分配不均。在"湾(滩)长制"的协同治理过程中,政府、企业以及广大社会公众的参与度相对较低,这限制了各参与方的协同行动,进而影响了"湾(滩)长制"协同治理机制的进一步完善。四是合作效果存在局限性。

1. 外部环境的制约性

若将协同治理当作一个管理系统,那么依照系统理论来说,系统受外部环境中的政治、经济、社会和技术的影响极大。外部环境对舟山市渔农村"湾(滩)长制"的工作发挥着重要的作用,政治、经济、社会和技术等因素在促进"湾(滩)长制"协同治理的同时,也对其产生制约。治理和保护海洋生态环境的工作是一个极其复杂的管理系统工程,不仅需要政府部门及相关责任单位切实落实相关政策,而且需要充足的资金投入和技术支撑,但在"湾(滩)长制"实践中,政策落实不到位、资金渠道的单一性和技术投入的有限性制约着舟山市渔农村"湾(滩)长制"的协同治理进程,不利于"湾(滩)长制"协同治理机制的健全。

(1)政策落实不到位。

舟山市的渔农村实施"湾(滩)长制"有助于改善海洋生态环境的污染问题,这在很大程度上依赖于相关政策给予湾(滩)长的独特地位。目前我国已建立起较为完善的海域管理制度体系,但仍存在一些问题,有待进一步解决。"湾(滩)长制"的核心理念是由湾(滩)长来负责,并采用责任承包的方式。这种制度安排使其具有明显的人治性特征,并通过对海洋环境资源开发过程中利益主体的激励作用实现海洋渔业经济增长。该机制主要通过行政干预和自上而下的权力结构来推动海洋生态环境治理工作的有序进行。在这种治理模式下,政府与企业、渔民之间的关系都处于一种博弈状态,而不是合作的状态。因此,实施"湾(滩)长制"常常伴随着"人治"的潜在危险。"人治"风险有可能损害海洋环境资源、破坏生态环境、诱发各种社会问题。这种风险主要体现在两个方面:首先,它可能导致政府部门内部的行政资源分配出现不平衡;其次,湾(滩)长权力的过度集中可能会引发职权的滥用和决策上的错误。在执行"湾(滩)长制"时,过于强调"人治"的理念可能会妨碍政府在执行"湾(滩)长制"相关政策时对海洋生态环境的有效管理。舟山地区存在着大量未列入国家级自然保护区和其他类型保护区的海岛,这些海岛都是自然形成并长期处于人类活动干扰之下。此外,舟山市的渔农村各级的湾(滩)长都具有"兼任"的特性,基层湾(滩)长的工作任务繁重,海滩面积广,常规巡查的时间很长。这就使得他们无法真正发挥自身作用和优势,难以有效地管理好自己管辖范围内海域的海洋环境。因此,存在着湾(滩)长无法有效管理,或者海洋生态环境问题未能得到及时治理的风险。这将不利于实现海域使用管理目标和维护海洋资源环境安全。这一现象的出现,在某种程度上也反映了政策执行的不足。

(2)资金渠道单一。

近几年,在美丽乡村建设和乡村振兴战略的大背景下,政府已经为农村生态环境的治理提供了大量的财政支持,然而,这些资金的投入与实际需求之间依然存在明显的不匹配。舟山位于长江三角洲南翼,是浙江省海洋经济综合改革试验区。在2015年至2021年,舟山市的经济和社会状况呈现出稳定和健康的增长趋势。舟山具有得天独厚的海岛区位优势及海洋资源禀赋。优越的经济环境为"湾(滩)长制"的持续发展提供了坚实的经济后盾。舟山渔民利用当地丰富的渔业资源开展渔业捕捞生产,并形成了具有海岛特色的渔村文化。然而,实地考察揭示了舟山市渔农村"湾(滩)长制"执行过程中资金来源过于单一的问题,这些资金主要依赖于财政援助。另外,"湾(滩)长制"在海洋生态环境治理中的应用与其他营利性水利工程设备存在明显差异。"湾(滩)长制"是一种公共福利制度,但由于其经济效益的不足,社会资本的投入并不能带来直接的经济收益。加上渔业海洋垃圾的治理和保护工作涉及的时间较长,因此难以预测未来的经济回报,这也限制了"湾(滩)长制"治理的资金来源。因此,要实现海洋资源可持续利用目标,必须建立以市场为导向的多元化资金投入机制,并通过完善相关政策制度来保障这一多元投资主体的利益。舟山市渔农村的"湾(滩)长制"资金主要来自政府的财政出资和各种补助。随着舟山海洋资源开发强度的增大,对海洋资源开发的资金投入也逐渐增多。然而,仅仅依赖政府的财政支持,"湾(滩)长制"在海洋生态环境的协同管理上的实际效果仍然是受限的。因此,舟山各级政府部门应积极引导社会资本参与到海洋污染防治中去。特别是在财政紧张的背景下,"湾(滩)长制"相关的责任单位常常感到"力量不足"。

(3)技术投入有限。

"湾(滩)长制"的内生机制可以解决跨部门协同治理碎片化等问题,促进海洋生态环境和渔业海洋垃圾协同治理。首先,当前舟山市渔农村"湾(滩)长制"工作主要依靠湾(滩)长和护滩员等工作人员的定期人力巡滩行为,但由于海滩面积广而工作人员数量有限,容易出现渔业海洋垃圾问题发现不及时、海洋生态环境治理效果不佳的现象,从而对"湾(滩)长制"协同治理海洋生态环境的及时性和效果产生一定的影响。其次,在数据记录方面,舟山市渔农村主要是以《湾(滩)巡查日志》和"湾(滩)巡查工作统计表"等纸质记录为主。该方式在信息管理和共享方面存在缺陷,"湾(滩)长制"信息管理系统的不完善,使得当涉及整改的问题属于不同部门时,海洋生态环境治理和保护任务的流转在跨部门之间存在低效和不畅等情况。虽然当前普陀区已经采用了移动端的巡滩 App 进行数字化巡滩工作,但巡滩 App 在舟山市渔农村并未全面推广,舟山市渔农村"湾(滩)长制"实施中的技术投入仍然有限。最后,虽然舟山市存在信息共享机制,但针对"湾(滩)长制"治理渔业海洋垃圾的相关数据信息并不完整且存在一定的缺失,使得政府与其他主体间信息不对称,影响协同治理进程。而社会公众在"湾(滩)长制"信息管理系统使用的权限壁垒,则降低了协同治理过程中公众对政府部门的信任与好感,影响"湾(滩)长制"治理渔业海洋垃圾的协同效果。

2.协同动机的约束性

协同动机是能否促成各主体协同治理的关键。基于舟山市渔农村"湾(滩)长制"的实施状况,研究发现政府的行政推力是促进"湾(滩)长制"协同治理的主要动机,但缺少立法保障、激励机制和约束机制,将使"湾(滩)长制"治理海洋生态环境的协同进程受阻。

(1)缺少立法保障。

当前,舟山市渔农村"湾(滩)长制"的运行缺乏法律保障,具有高度工具性、行政性与功利性特征。在一定程度上,上述特征虽然提高了"湾(滩)长制"治理海洋生态环境的效率,但不一定能兼顾其运行过程中的公平性。而"湾(滩)长制"的立法恰恰可以兼顾协同治理海洋生态环境的效率与公平。因此,亟须构建"湾(滩)长制"的法律基础,以促进海洋生态环境的协同治理,优化"湾(滩)长制"的协同治理机制。

(2)激励机制不完善。

《实施方案》虽然将湾(滩)长履职考核纳入"五水共治"考核内容,但在实际执行时发现存在激励机制不完善的问题。舟山市大部分区域的"湾(滩)长制"工作没有明确的激励机制,对湾(滩)长的工作考核以公务员考核标准为主,而在上级视察和检查巡滩日志中,对于检查不合格的情况除了通报并给出整改意见、督促整改之外,并无其他惩罚机制,这样容易导致治理主体对"湾(滩)长制"治理效果的"漠不关心",无法起到切实的激励作用。此外,对积极参与渔业海洋垃圾治理的社会公众的激励机制也是不完善的,虽然存在少数通过表彰先进个人(组织)进行精神激励的现象,但并没有形成完善的"湾(滩)长制"协同治理激励机制,致使各主体协同治理海洋生态环境的动机不足,影响其参与"湾(滩)长制"协同治理的积极性。

(3)限制机制尚未完善。

在舟山市渔农村"湾(滩)长制"执行的过程中,对各个参与方的制约机制显得不够完善。由于缺乏明确、有效的监督检查手段和措施,导致部分渔民违法违规排污现象频发。目前存在的所谓的约束机制,主要是针对政府部门或者涉及海洋和渔业的劳动者,提出了一系列具有约束性的要求或观点。因此,这些措施难以有效地落实到基层渔区,也不能起到长效作用。2021年发布的《舟山市贯彻落实中央环境保护督察反馈意见整改方案的通知》明确指出:在全市范围内全面采纳湾(滩)长制,构建完善的工作流程,并加强对滩面的巡查以及污染源的整治工作。其中关于"强化执法监管,建立长效管理机制"部分内容,明确了各级政府、相关部门以及渔民群众之间的职责分工与协作方式。然而,由于缺乏具体的约束条件,导致了"可操作性"的存在,这不利于优化"湾(滩)长制"的协同治理机制,也不利于渔业海洋垃圾的协同管理和海洋生态环境的保护。除此之外,舟山市目前拥有大量的环保机构,它们在海洋生态环境的保护上起到了不可或缺的作用。因此,以舟山为例探讨社会组织如何通过自身资源与能力为海洋污染提供有效服务是十分必要的。尽管如此,许多社会组织在进行净滩活动时存在一定的随机性和随意性,缺少明确的科学标准。在渔业海洋垃圾的回收过程中,常常采取"先收集、后分类、再混合"的方法,这大大偏离了渔业海洋垃圾分类的初衷。同时,部分渔场存在过度捕捞现象,造成海洋资源破坏与环境污染。在"湾(滩)长制"协同治理渔业海洋垃圾和海洋生态环境的活动中,社会各方由于缺乏科学的指导方针和明确的标准约束,很容易导致"湾(滩)长制"的协同治理成效不尽如人意。

3.合作行为存在的缺陷

舟山市的渔农村"湾(滩)长制"工作不只与多个公共部门如生态环境局、水利局、海洋与渔业局等有关,它还涉及企业、普通民众以及社会大众等多种实体。由于各参与主体利益诉求不同,导致各个主体间缺乏必要的协调机制和沟通渠道,从而使整个系统运行效率低下。在研究"湾(滩)长制"如何协同管理海洋生态环境和解决渔业产生的海洋垃圾问题时,各个参与方之间的有效合作是不可或缺的。

(1)政府层面。

在目前实施"湾(滩)长制"对海洋生态环境进行协同管理的过程中,政府各部门都应当肩负起这一关键角色,而"湾(滩)长制"的核心理念也进一步印证了这一观点。因此,"湾长"制度是一项具有中国特色的海洋生态环境保护政策和管理制度。然而,在实施"湾(滩)长制"的过程中,政府的参与程度还需要进一步加强。除了"湾(滩)长制"的办公室和相关的责任单位之外,有些政府部门对"湾(滩)长制"的了解非常有限。这样的情况可能会直接限制政府各个部门在"湾(滩)长制"下的合作行动。

(2)企业层面。

作为市场的核心参与者,企业在"湾(滩)长制"的协同管理机制优化过程中,应当肩负起至关重要的职责。目前舟山地区已基本建立起了较为完善的海洋环境管理法律法规体系和执法队伍,制定了相关的行政管理制度,环境管理体系及技术支撑体系较为完备。然而,在舟山市渔农村实施"湾(滩)长制"以协同治理海洋生态环境的过程中,企业参与"湾(滩)长制"的合作行为相对有限。只有少数环境友好型企业积极主动地参与其中,大多数企业仍然处于被动接受的状态,少数企业甚至出现了抵触情绪。这既有制度环境方面的原因,也有企业自身因素的影响,还有社会环境因素的制约。对于那些依赖海洋资源进行海洋捕捞和海洋旅游的营利组织和涉及海洋的企业来说,他们的生产活动产生的海洋垃圾与海洋的生态环境有着紧密的联系。因此,这种类型的企业更有可能参与到"湾(滩)长制"下的海洋生态环境协同治理活动中。

(3)公众层面。

公众参与海洋生态环境协同治理的程度不高制约着"湾(滩)长制"治理海洋生态环境工作的深入发展,从舟山市渔农村"湾(滩)长制"的实际情况来看,无论是对于"湾(滩)长制"工作方案的制定与实施,还是对于贴近民生的巡滩、净滩等活动,社会公众的参与度均不高。

公众作为最活跃的主体,理应积极参与"湾(滩)长制"的协同治理进程。社会公众参与"湾(滩)长制"协同治理进程不仅有利于实现民主、促进"善治",而且是对海洋生态环境治理工具的重要补充。得益于公众受教育水平提升和信息技术变革,社会公众能够掌握"湾(滩)长制"的相关信息,参与到海洋生态环境协同治理中,并发挥其独特优势。公众参与机制是海洋环境领域政府、企业与公众三者之间的利益协调工具,能够极大地促进各主体达成协同治理的共识。舟山市渔农村各湾(滩)树立的"湾(滩)长制公示牌"明确了属地湾(滩)长的各种基本信息,虽在一定程度上有利于社会公众监督湾(滩)长的履职状况,但在实践中,只有少数公众是自愿参与其中,公众参与"湾(滩)长制"的行为是有限的。此外,受各种因素的影响,政府部门无法将大量的海洋相关信息向公众公开,致使公众的部分知情权得不到保障,不利于在政府部门与社会公众之间搭建起良好的交互桥梁,严重削弱了公众参与"湾(滩)长制"协同治理的积极性。

4.协同效果的限制性

协同效果的输出不是协同过程的终点,科学评估治理效能并对其进行有效回应是螺旋式增强协同治理能力的手段,因而对协同效果的评估与反馈也同样重要。为实现舟山市渔农村"湾(滩)长制"协同治理效果,应关注"湾(滩)长制"的监督机制、考核机制与问责机制。

(1)监督机制欠缺。

当前舟山市渔农村"湾(滩)长制"实行体制内部的"自我考评"机制,缺乏有效的外部监督机制,因此难以保证各级湾(滩)长的考核结果的公正性。此外,虽然公众可以借助"湾(滩)长制公示牌"的信息,通过电话、网络等形式对湾(滩)长的履职状况进行监督,促进"湾(滩)长制"工作的完善,但这种监督仅是少数村民的自发行为,并没有形成一套标准化的机制。因此,舟山市渔农村"湾(滩)长制"协同治理海洋生态环境的监督机制是欠缺的,亟待完善。

(2)考核机制阙如。

完善的考核机制对于"湾(滩)长制"协同治理机制的优化来说不可或缺。目前舟山市渔农村"湾(滩)长制"的考核主要是针对各级湾(滩)长的履职情况及海洋生态环境状况进行的,采用的是上级湾(滩)长对下一级湾(滩)长进行内部考核的模式。因此,考核结果评定的权力掌握在上级湾(滩)长手中,对上级湾(滩)长提出了较高的专业要求。海洋生态环境的保护和渔业海洋垃圾治理是相当繁杂的系统性问题,涉及海湾、沿湾海岸带的产业布局等方面,因此仅靠体制内的考核难免有失公平。除此之外,目前在舟山市渔农村"湾(滩)长制"的实践中存在考核缺乏细则化评估标准的问题,在量化安排上尚未有效跟进,尤其是对于村(社区)级湾(滩)长、各协管员和环卫工的考核机制并不完善。

（3）问责机制阙然。

"湾（滩）长制"主要是将自上而下的责任机制和严格的问责制度相结合。目前舟山市渔农村"湾（滩）长制"协同治理海洋生态环境的问责机制亟待完善。党政领导在担任湾（滩）长后对所辖海湾（滩）的生态环境治理和保护负有直接责任，一旦海洋生态环境出现治理不及时或治理效果不达标等情况，就有可能面临问责。问责应当兼顾效率和公平，制度内自考、自评、自罚的问责方式难免因"相互包庇"而有失公平。当前舟山市渔农村"湾（滩）长制"协同治理的问责机制并不完善，海洋生态环境协同治理中存在弱化后续问责的问题，在缺乏个人自律的情况下容易出现"乱作为"或"不作为"的权力滥用现象，削弱"湾（滩）长制"治理海洋生态环境的协同效果。

（四）对策建议

通过对舟山市渔农村"湾（滩）长制"实施的案例分析可以发现，"湾（滩）长制"在实施中仍存在协同治理机制不完善的问题。因此基于协同治理理论，从外部环境、协同动机、协同行为和协同效果四个角度着手，探索舟山市渔农村"湾（滩）长制"协同治理机制的优化路径，努力构建政府、企业、社会组织和公众协同治理的新模式。

1. 提高外部环境对"湾（滩）长制"协同治理机制的推动力

为优化舟山市渔农村"湾（滩）长制"协同治理机制，从外部环境层面来看，在分析政治、经济、社会和技术对海洋生态环境渔业海洋垃圾协同治理影响的情况下，应通过发挥政府职能、促进政策落实，引入市场机制、拓宽资金渠道，加强数字赋能、增加技术投入等措施，提高外部环境对"湾（滩）长制"协同治理机制的推动力。

（1）发挥政府职能，促进政策落实。

强制性的行政命令、指示、规定等措施是海洋生态环境监管和执法的重要手段。为促进"湾（滩）长制"协同治理机制的优化，需要切实落实政府的海洋环境责任，充分发挥政府的协调职能。海洋生态环境具有流动性、长期性、跨域性等，政府对海洋生态环境的治理涉及众多部门，任一部门和单位都无法单凭自身的力量解决海洋生态环境问题。因此，最大限度地利用政府的职责，并寻求建立明确分工的部门合作机制变得至关重要。一是要加强组织领导。"湾（滩）长制"办公室在确保各级湾（滩）长有效执行巡滩职责的基础上，更应全面协调相关责任单位共同参与海洋生态环境治理的"湾（滩）长制"活动，并构建一套全面的协作机制。二是要健全机构体系。在"湾（滩）长制"办公室的领导下，与各个职能部门及相关的责任单位合作，对现有的各部门和单位的职责以及它们之间的交叉和重叠情况进行了细致的整理和系统的分类。对于那些涉及范围广泛且需要跨部门合作的任务,我们可以采用"协商共议"等策略来消除"行政障碍",明确各部门的职责和权限,确保在"湾(滩)长制"下,各部门都能在其职能体系中充分发挥作用,从而确保相关政策得到有效执行。

(2)通过引进市场运作机制,进一步拓展资金来源。

舟山市渔农村"湾(滩)长制"项目的资金主要由地方财政部门负责。海洋生态环境的保护和渔业海洋垃圾的治理需要大量的资金,这不仅包括渔业海洋垃圾的分类、运输和处理的经费,还包括员工的工资、信息平台的开发和建设,以及公众监督举报的奖励等费用。在实际工作中发现,"海湾长"的收入与当地财政的支出之间存在很大差距。很多街道在实施"湾(滩)长制"时,常常需要自掏腰包聘请湾(滩)保洁员,这大大限制了"湾(滩)长制"的进一步推广和实施。在当前海域有偿使用制度下,缺乏统一规范的财政支持政策是导致这一问题的根本原因。因此,有必要完善资金保障体系,融入市场运作机制,并构建一个"政府+市场"协同管理海洋生态环境的模型,以促进"湾(滩)长制"协同治理机制的进一步优化。从一方面看,政府部门在统筹和协调的过程中,积极鼓励和指导企业通过资金或物资的注入,主动参与到"湾(滩)长制"下的海洋生态环境协同治理实践中。从另一个方面看,要充分利用社会组织的主动性,以增强其独立创收的实力。此外,还应完善配套政策,建立科学有效的激励约束机制,以确保社会组织能够持续开展海洋生态建设活动并取得良好成效。在政府和公众的双重监管之下,社会组织有能力为海洋环境污染型企业提供专门的海洋生态环境治理解决方案以获取咨询报酬,或者是通过提供与"湾(滩)长制"有关的公共产品和服务的附加价值来获得政府的特别支持。

(3)增强数字化的能力,并加大对技术的投资。

为了加强数字化赋能,我们需要增加对"湾(滩)长制"协调治理的技术支持,并积极构建和完善"湾(滩)长制"的信息化管理平台。依赖于各参与方共同治理海洋生态环境的思路,可以构建一个科学的监管体系、全面的信息覆盖和共享的智慧湾(滩)长信息化管理平台,这对于有效治理渔业海洋垃圾具有至关重要的作用。首先,需要增强数字化的能力,并加大对"湾(滩)长制"移动应用的研发力度。其次,要加强数字化基础设施建设,实现数据互联互通。在现代社会快速发展的背景下,移动端的应用开发变得尤为重要。基于建立的信息综合平台,我们需要加大对"湾(滩)长制"移动端应用开发的力度,从而实现"湾(滩)长制"信息网络的标准化管理。接下来,我们计划进一步丰富"治水办"和"五水共治"微信公众号的内容。在信息推送方面,定期向公众推送官方对"湾(滩)长制"相关信息的发布和解读,以便社会公众第一时间掌握"湾(滩)长制"的政策动向。在关联信息搜索方面,设置"海洋生态环境""湾(滩)长履职"等搜索关键词,提高公众对"湾(滩)长制"信息搜索的效率。在信息互动方面,开设"联系湾(滩)长"专栏,可以根据用户当前的定位自动关联附近的海湾(滩)及与其对应的湾(滩)长的基本信息。再次,运用远程视频监控、无人机巡视等技术辅助手段,提升海洋生态环境保洁效率。最后,政府可以鼓励和敦促相关企业和科研单位进行"湾(滩)长制"信息管理技术的研发和产业化,加强"湾(滩)长制"的技术赋能,促进海洋生态环境协同治理形成良性循环。

2.在"湾(滩)长制"的协同治理机制中,增强协同动机的驱动作用

在"湾(滩)长制"的海洋生态环境协同治理中,各参与方的协同动机起到了关键的作用。我国目前缺乏系统完整的"湾(滩)长制"协同治理体系。为了完善"湾(滩)长制"的协同管理机制,我们需要采取以下策略:通过制定"湾(滩)长制"相关法律,进一步强化法律体系的建设;为了完善激励机制,需要从物质和精神两个层面进行激励;对湾(滩)长的评价标准进行细化,并通过规范社会各方的参与来加强约束机制的完善。

(1)加固法律的根基。

"湾(滩)长制"的法律制定是为了强化法律基石并鼓励各方积极参与"湾(滩)长制"的共同治理,这主要体现在专项立法和纳入现有立法的两种方式上,这两种方式都有各自的优点和缺点。从理论上分析,现有法律法规在海洋生态保护方面存在不足,不利于实现陆海联动。实施"湾(滩)长制"的专项立法可能会提高立法的成本,并在实际操作中导致一系列基于环境保护目标责任制的制度,这些制度很难通过专项立法完全实施。在现有立法体系下,"河长负责制"作为一种新的管理方式,其本身具有一定的可行性,但仍存在着诸多问题有待进一步完善。将"湾(滩)长制"纳入已经制定的"河长(湖长)制"中,不仅可以降低立法的成本,还可以实现制度间的优势互补和耦合强化,从而为陆海联动提供充足的法律支持。"湾(滩)长制"的法律制定对于加固法律基石、增强各参与方的合作意愿以及推动"湾(滩)长制"的协同管理机制的进一步完善都具有积极意义。

(2)进一步完善奖励和激励制度。

奖励机制可以划分为物质上的奖励和精神上的奖励。从微观层面看,公众在海洋生态系统保护方面存在一定程度的认知偏差。经过调查研究,我们发现物质奖励更能激励社会大众积极参与"湾(滩)长制"下的合作治理行动。同时,在"湾(滩)长制"实施过程中,公众对环境信息的知情权得到保障。对企业来说,通过增加科技投资来降低海洋生态环境的污染将不可避免地导致生产成本的增加。作为一个利益的推动者,企业需要外部的物质激励来产生治理海洋生态环

境的动力。因此,地方政府有权设立一个名为"湾(滩)长制"的专项资金,该资金将用于社会各界参与海洋生态环境的协同治理,并提供相应的拨款和补助。在精神激励方面,地方政府有权设立"湾(滩)长制"海洋生态环境治理先进个人(企业、组织)等荣誉称号,并将这些称号授予在海洋生态环境治理过程中表现出色的主体,以此激发各主体积极参与"湾(滩)长制"的协同治理活动。通过将物质和精神两方面的激励机制有机地融合在一起,可以有效地推动"湾(滩)长制"的协同治理机制得到更好的优化和创新。

(3)健全约束机制。

健全约束机制的首要任务是细化"湾(滩)长制"海洋生态环境治理的评估指标,促进海洋生态环境整改行动的有效开展。在增加社会组织参与数量的同时,提高社会组织参与"湾(滩)长制"协同治理的动机,最重要的是提高社会组织参与"湾(滩)长制"工作的规范性和科学性。可以通过邀请海洋生态环境领域的专家学者、高校教授、机关领导干部组成"湾(滩)长制专家顾问委员会",通过培训教育和咨询等方式提高社会力量参与"湾(滩)长制"协同治理的规范性。此外,可以通过定期组织召开研讨会,立足舟山市渔农村"湾(滩)长制"的重难点,提出技术路线或建设性意见,强化对社会组织协同治理行为的约束性。

3. 增加协同行为对"湾(滩)长制"协同治理机制的推动力

"湾(滩)长制"是政府、企业、社会组织和公众共同参与的海洋环境公共事务,理应构建各主体协同治理的格局。通过增加各主体的协同行为来促进"湾(滩)长制"协同治理机制的优化。

(1)政府层面。

在"湾(滩)长制"实施过程中,妥善协调各部门之间的利益关系,并充分利用各部门的职能优势,将有助于防止海洋生态环境治理出现碎片化的情况。目前,我国海洋环境管理存在着诸多问题,而其中最关键的就是缺乏有效的沟通机制,使得各个职能部门在进行环境保护时出现了许多不一致的意见和做法。政府在"湾(滩)长制"中的参与主要是通过其协调功能来体现的。首先,政府需要在企业和其他社会组织之间建立良好的协调关系。其次,要建立起有效的公众监督机制。在执行"湾(滩)长制"的过程中,如果政府各部门不能充分发挥其协调职能,那么企业和社会大众的作用将会受到严重削弱。再者,为了规避"湾(滩)长制"中的"人治"问题,政府应进一步明确湾(滩)长的职责划分,并充分利用"湾(滩)长制"办公室的组织和协调能力,为各部门共同治理海洋生态环境打下坚实基础,从而提高"湾(滩)长制"的整体治理效果。再次,要建立科学有效的考核评价机制。最后,需要进一步完善政府的购买服务体系。政府要从源头上解决海洋环境问题,必须加大对海洋环境的投入力度,而这也离不开政府购买公共服务来保障。为了深化环境管理领域的简政放权、放管结合、服务优化、营商环境的改善以及激发各种市场参与者的活力,政府购买被视为实现供给方式创新的关键手段。

（2）企业层面。

在企业管理层面上,除了通过资金注入等途径参与"湾（滩）长制"的协同治理之外,还有可能构建"企业家湾（滩）长制"。这将为推进浙江海洋资源可持续发展提供强大动力。针对舟山市渔农村在货物装卸、综合保税区码头、船舶工程、船舶燃料和港口开发等领域具有较大影响力的企业,有针对性地加强了"湾（滩）长制"协同治理的宣传和教育活动。鼓励并引导这些有影响力的企业家担任"企业家湾（滩）长",并积极参与海洋生态环境的治理工作,从企业家的视角出发,提出了一系列有效的协同治理建议。"企业家湾（滩）长制"是企业在参与"湾（滩）长制"活动中的一个显著特点,它有助于丰富政府与市场在海洋生态环境治理方面的合作模式,并推动"湾（滩）长制"的协同治理机制得到进一步优化。

（3）公众层面。

公众参与"湾（滩）长制"的最直观途径是参与渔业和海洋垃圾的清理工作。首先,我们应该鼓励公众的参与,并加强对渔业海洋垃圾治理的宣传。可以参考国内在"河长制"宣传方面的成功实践,例如"万名五老志愿者行动计划"。通过针对不同年龄段和不同场所的宣传,可以推动针对性强的"湾（滩）长制"宣传活动。特别是在学校、社区、海湾（滩）和企业这些重点场所,可以进行"湾（滩）长制"的科普宣传,提高公众对"湾（滩）长制"工作的了解,从而为"湾（滩）长制"工作创造一个得到全社会支持和参与的良好环境,进一步优化"湾（滩）长制"的协同治理机制。接下来,要最大限度地利用民间湾（滩）长的正面影响,通过招募他们来组织各种活动,如巡滩护滩、湾（滩）清洁、志愿者培训、问卷调查和第三方电话评估等,从而建立一个自主管理海洋生态环境的新模式。再次,完善相关法律法规和政策,建立有效机制保障公众参与。充分利用民间湾（滩）长的指导和示范作用,逐渐对周围的公众产生影响,从而增强公众参与"湾（滩）长制"的热情。同时,要加强对"湾长"制度的建设和管理,完善相关法律法规和政策体系,建立长效管理机制,以保证其有效实施。最终,扩大公众参与的途径是推动公众参与的关键任务之一,而公众参与途径的单一性严重限制了公众参与"湾（滩）长制"活动的可能性。

4. 优化协同效果对"湾（滩）长制"协同治理机制的推动力

建立相应的监督机制来解决目前存在的行政问题;完善考核机制,避免单一形式的考核,让考核更加完善;健全问责机制,明确每个岗位的职责,做到权责明确。

（1）建立监督机制。

为了真正实现"湾（滩）长制"的权力制衡，需要深入研究并建立一个"湾（滩）长制"的监督机制，这将从根本上转变行政权力的"自我监督、自我考核、自我问责"的现状。当前，"湾长"的责任和义务在很大程度上由地方政府来承担，而其自身却缺乏相应的约束机制，这就需要对地方政府进行有效的外部监督。除了在"湾（滩）长制"体制内加强自我监管之外，还可以从以下四个方面构建"湾（滩）长制"的监督体系：首先，需要建立各级人大常委会的监督机制，以确保"湾（滩）长制"得到有效的执行。其次，需要巩固各级司法部门的监督机制，确保"湾（滩）长制"下的执法与司法能够紧密结合。对于在执法巡查中发现的与海洋相关的违法犯罪事件，司法部门必须迅速介入处理；对于由湾（滩）长的不作为、慢作为或乱作为导致的海洋生态环境损害行为，应依法提出法律建议或发起环境行政公益诉讼。同时建立对违法违规人员的惩戒制度。最后，将"湾（滩）长制"纳入国家的监督和检查体系中，以评估湾（滩）长在海洋生态环境保护和渔业海洋垃圾处理方面的执行情况。对违反《中华人民共和国海域使用管理法》等法律法规规定造成海洋环境损害的违法行为予以追责。此外，我们还要依赖社会的力量来对湾（滩）长进行监控，并加大对社会舆论的监督力度。

（2）完善考核机制。

当前"湾（滩）长制"实施中海洋生态环境治理工作的考核制度较简单，多为"形式化"的考评或部门内部上下级的单一考评。因此需要完善"湾（滩）长制"协同治理的考核机制。在原有绩效考核体系的基础上，可以通过引入第三方评估、部门互评、下级对上级考评、公众评价等机制，促进对各级湾（滩）长全面、客观的评价，以优化"湾（滩）长制"协同治理的效果，促进"湾（滩）长制"协同治理机制的优化升级。

（3）健全问责机制。

在"湾（滩）长制"治理海洋生态环境的协同进程中，各主体均肩负着海洋生态环境治理和保护的职责。问责机制的健全需要针对各主体建立强有力的惩处机制，一旦发现政府部门在"湾（滩）长制"实施中存在渎职、不作为、乱作为等行为，必须对其进行严肃处理，以提升"湾（滩）长制"治理海洋生态环境的协同效果。在企业层面，对于污染海洋生态环境的企业，政府除了责罚外，还应鼓励其提高海洋生态环境污染处理能力，帮助引进先进的生产技术或在适当情况下给予一定的资金支持，促进企业向环境友好型企业转型。在社会公众层面，公众对海洋生态环境造成破坏的行为必须受到严格处罚，通过大力度的惩处使公众参与海洋生态环境前端的治理和保护工作，提升各主体参与"湾（滩）长制"协同治理的效果，优化"湾（滩）长制"协同治理机制。

第六章　长三角沿海区域渔业海洋垃圾数字化治理研究

第一节　长三角沿海区域渔业海洋垃圾数字化治理的现实需求与现实基础

一、长三角沿海区域渔业海洋垃圾数字化治理的现实需求

(一)渔业海洋垃圾治理的属性要求实现数字化治理

渔业海洋垃圾治理的属性要求实现数字化治理主要表现在以下几个方面。

第一,渔业海洋垃圾治理跨区域性需要数字技术实现合作。渔业海洋垃圾随着海洋洋流流动,其产生地和处置地存在差异,跨行政区划治理现象常常出现。这就使得长三角沿海区域内的政府需要通过更加有效的数字技术实现合作。

第二,海洋渔业垃圾治理的社会性、公共性需要数字技术实现共治共享。在长三角沿海区域,渔业海洋垃圾治理不可能单纯依赖政府,渔业海洋垃圾治理具有公共性,需要多主体共治。多主体参与渔业海洋垃圾治理的体系需要通过有效的数字技术来构建。

第三,海洋渔业垃圾治理的综合性需要数字技术实现协同。海洋环境治理涉及海洋资源合理利用、生态保护、污染防治等多个环节,复杂的活动过程需要做好系统性协调,也要通过有效的数字技术来实现。

(二)长三角沿海区域的海洋经济、社会高质量发展需要数字化治理

《2022年中国海洋经济统计公报》显示,2022年以长三角为核心的东部海洋经济圈生产总值达2.9万亿元,占全国海洋生产总值的31%左右。同时,长三角沿海区域坐拥世界上最大的货物吞吐港——宁波舟山港,世界上最大的集装箱进出口港——上海港,海洋经济发展优势明显。无疑,海洋经济的高质量发展

依赖于可持续的海洋生态环境。但是,一方面,渔业海洋垃圾严重危害海洋生态环境。具体来讲,比如各种塑料袋、渔网、用于水产养殖的泡沫箱等海面漂浮垃圾造成的视觉污染不利于海洋旅游产业的发展;在海里的废弃渔网等会缠住船只的螺旋桨,导致船只和机器损坏,威胁航运船舶的行驶安全;渔业海洋垃圾的泛滥会直接导致渔产品质量的下降,影响长三角区域海洋捕捞和水产养殖业的国际竞争力。另一方面,海洋生态环境的恶化会影响社会发展。例如,目前长三角沿海区域的水产养殖产量约占全国产量的三分之二,水产养殖业对渔民增收、市场供应保障有重要作用,如果环境恶化导致渔业相关产业衰退,就可能牵一发而动全身,产生严重的社会问题。因此,渔业海洋垃圾治理是实现海洋经济和沿海地区高质量发展的重要条件。数字技术是当今时代的前沿技术,用好数字技术,不仅能够准确识别、及时追踪新产生的渔业海洋垃圾污染,也能为长三角沿海地区渔业海洋垃圾系统性治理提供技术支撑,进一步推动海洋经济和沿海地区高质量发展。

二、长三角沿海区域渔业海洋垃圾数字化治理的现实基础

(一)各地数字化赋能环境治理实践为数字化治理提供了经验借鉴

1. "蓝色循环"海洋垃圾数字化治理的台州经验

近年来,在浙江省数字化改革的契机下,浙江蓝景科技有限公司(以下简称"蓝景科技")创新实施"蓝色循环"多元共治体系。通过政府引领、企业主导、产业协同、公众联动,根据海洋垃圾产生和分布的特点,蓝景科技建立了数字化管理平台和实体化收集网络,用大数据赋能形成了海洋垃圾的收集、运输、再生、国际高值利用的可循环价值链,以市场化手段运作,大幅减少财政投入,高效且可持续。

首先,我们需要构建一个具有实体化操作和数字化链接的海洋垃圾收集网络体系,以确保所有海洋垃圾都能被妥善收集。通过整合社会资源,形成统一管理平台,实现对海域环境及各类涉海活动全过程监管。在地方政府的大力支持下,蓝景科技利用其授权的公开数据,如船舶、边滩、入海闸口和海上环卫等,独立研发了名为"蓝色云仓"的智能设备,该设备能够覆盖入海闸口、港口码头和出海船舶等产生海洋垃圾的地方。利用该平台,蓝景科技通过大数据分析手段对这些数据进行分类和整合,形成统一数据库。蓝景科技成功地动员了沿海的乡村居民、码头的小商店、船东和渔民等多个群体,组建了一个实际操作的海洋垃圾收集团队。蓝景科技还为这些人提供了共享的工具,以帮助他们提升工作效率。通过数字化平台与市政环境卫生系统的整合,成功构建了一个涵盖"陆地防护、闸门截流、滩地净化以及船舶回收"的多维度数据收集网络。

其次,我们需要构建一个高效利用海洋垃圾的体系,其中包括减少容量、减少消耗和进行质量分流,以确保海洋垃圾得到最大限度的利用。通过各种途径回收的海洋废弃物被送入蓝景科技在港口设置的"蓝色云仓",在经过自动化处理后,其减容和减量达到了80%,从而显著降低了后续的运输和处理成本。

最后,构建一个共同管理、共同经营的增值共享分配机制,以实现多元化和共赢的财富增长模式。通过政策引导和市场手段相结合的方式来推进低碳经济发展模式。借助海洋塑料的高价值利用溢价和碳交易的红利作为推动力,吸纳了海洋塑料的回收、再生企业、品牌商家、认证机构等产业链资源,以及国际环保基金,共同组建了名为"蓝色联盟"的公益组织。该组织还设立了共富基金,并制定了海洋垃圾产业价值的再分配方案。特别关注源头收集的特殊群体和闲散劳动力等低收入人群,以提高他们的收入水平,并鼓励各方积极参与环保工作,从而实现海洋垃圾的市场化治理,形成一个可持续的多元共治长效机制。

2.建设"海洋云仓"筑牢海洋生态屏障的舟山经验

近年来,舟山市普陀区深入践行习近平生态文明思想,将海漂塑料垃圾清理作为塑料污染治理攻坚战的重要一环,以数字化改革为引领,以美丽海湾保护与建设为海洋生态环境保护的工作主线和重要载体,建设"海洋云仓",走出了一条特色鲜明的海漂垃圾综合治理之路。

一是科技管污,"数智仓"做到全链条精准治污。普陀区有注册渔船1966艘,渔汛期间,进出港船舶众多,由此产生的含油污水、生活污水、废矿物油等渔船污染物的回收处置是海洋生态环境治理的难题之一。2022年7月,普陀区渔港渔船污染物智能化防治项目——"海洋云仓"顺利通过阶段性验收并正式投用,该项目采用"1+X"布局,即以沈家门中心渔港为核心,布局1个集中预处理中心"海洋云仓",在环舟山及沈家门中心渔港、月岙及樟州二级渔港、桃花一级渔港一带建设5座独立运转的"小云仓"。同时,应用"物联网+区块链"数字治污技术,开展船舶污染物"收集—贮存—转移—处置"的全流程运营服务,实现水污染物处置全链条生态、环保、安全,做到可视可控。该智能化防治项目可年处理油污水450吨,基本满足沈家门渔港渔业污染物处置需求。

二是科技管船,"三色码"实现全流程闭环监管。根据辖区渔船生产作业习惯及船舶污染物管理要求,创新实施"红码、黄码、绿码"三色环保码管理制度。根据该制度,如果船舶出海3个月以内上交过船舶水污染物(含船舶含油废水、生活污水、废矿物油三类),"海洋云仓"管理后台将赋予其绿码;3个月以内未上交的,将被赋予黄码;如果超过6个月未上交,将会变成红码。"海洋云仓"应用对黄码、红码渔船进行在线高频预警,并将其列入环保"黑名单",列为港口、海上执法等重点监管对象,对违法违规行为从严查处,引导渔民主动参与环保,降低渔船污染物源头排污风险。全区 24 米以上渔船已有 1500 多艘全部纳入"海洋云仓"治污管理。

三是科技管港,提升生态环境监测能力现代化水平。启用无人机清海净滩高空巡护项目,每半个月对湾滩海面漂浮物、沿岸垃圾处理情况进行全方位、无死角的拍摄记录。同时,先后投入 500 余万元资金,在渔港重点区域、关键位置布设了 100 余个湾滩监控探头,与沈家门渔港实时监控平台实现无缝对接,使沈家门渔港 24 小时"排污"尽在"海上电子眼"的掌控之下。在鲁家峙岛南侧水老鼠礁附近建设集海洋水文气象观测、海洋环境监测系统于一体的自动海洋观测站 1 座,用于实时监测、及时反映区域的水文气象特征,提升海湾海洋生态环境监测能力。

(二)长三角沿海区域数字一体化的良好基础为数字化治理提供了现实条件

在大数据时代,数字技术已经成为推动社会治理现代化的有效途径,而推动渔业海洋垃圾治理的现代化,无疑也需要数字技术的帮助。长三角沿海区域凭借良好的科技创新手段和区域经济发展实力,基本实现区域数字化基础建设水平相近、区域数字化市场环境相似,数字一体化已是大势所趋。

近年来,长三角地区在数字经济蓬勃发展的带动下,区域内部空间、商业、人才、民生服务、政务、科创等领域数字一体化进程都在加速推进。长三角沿海区域地方政府还积极推动数字赋能治理,助推长三角数字化转型。利用数字技术和信息化手段,建立统一的数字化平台和管理体系,实现长三角沿海区域的治理协同、数据共享和智能决策。

主要体现在以下几个方面。

一是整合各类涉及长三角沿海区域的数据资源,包括经济发展数据、环境指标、社会治理数据等,建立统一的数据平台和共享机制,促进数据的交流与共享。例如作为数字大省的浙江加快长三角数字信息枢纽港等标志性项目数据基础制度体系建设,共建民生领域一体化数字应用场景。

二是利用物联网、人工智能等技术手段,建立智慧管理平台,实现区域内系统的信息互联互通,提升区域治理的精细化和智能化水平。例如自实施长三角一体化示范区建设以来,围绕规划管理、土地管理、要素流动、公共服务等重点领域推出了一百多项一体化制度创新成果;围绕生态环保、互联互通、产业创新和公共服务领域重点推进了一百多个项目建设,其中数据作为一种要素资源,为示范区各项建设赋能。目前已建成试运行的示范区智慧大脑项目,成为全国首个跨省域智慧大脑,通过"不断老路,连接新路",打通了链接两省一市三级八方的跨域网络断头路,初步构建了面向跨域应用的智能化场景。

三是利用大数据分析和可视化技术,为长三角沿海区域的规划决策提供科学依据和支持。对于长三角地区来说,完善顶层设计、培育壮大数字产业规模、推进两化深度融合、升级数字基础设施、深化合作交流非常重要。因此,要立足数字城市建设,打造长三角数字联盟,构建长三角数字创新体系,提升长三角数字产业创新能力及竞争力,凝聚产、学、研、政、商、资等各方力量,形成协同创新、融合发展局面,联手打造全国数字经济创新高地。

四是通过数字化手段对自然灾害、环境污染、安全事故等风险进行监测、预警和应急响应,提高长三角沿海区域的安全防护和应急管理能力。2022 年 1 月,长三角数据共享开放区域组成立大会暨 2022 年长三角"一网通办"专题会议召开。长三角生态绿色一体化发展示范区执委会与上海市大数据中心、江苏省大数据管理中心、浙江省大数据发展局正式签订《长三角生态绿色一体化发展示范区公共数据"无差别"共享合作协议》。

五是通过数字化手段提升公共服务的便利性和效率,包括在线办事、电子政务等,提供更加便捷、高效的公共服务。长三角沿海区域数字治理一体化在各级政府、企事业单位、社会组织等多方协同合作下,已经初步建立统一的数据标准和共享机制,构建安全可靠的信息交换平台,并注重隐私保护和数据安全。通过数字治理一体化,提升长三角沿海区域的治理效能、可持续发展能力和公共服务水平,推动区域经济协同发展和社会进步。

长三角沿海区域在数字化治理工作上持续发力,强化公共数据交换共享,促进长三角政务数据资源共享,推进长三角数字治理一体化高地建设。长三角未来重要的使命是真正走出一条区域协同示范的道路。其中,以大数据为生产资料、云计算为生产力、互联网平台为纽带,推动区域要素资源优化配置、推动跨区域海洋环境治理协同示范无疑是重要的内容。以上已经取得以及正在推进的数字一体化成果,为长三角沿海区域渔业海洋垃圾数字化治理奠定了良好基础,也提供了现实可能。

第二节 长三角沿海区域渔业海洋垃圾数字化治理典型案例分析

一、"蓝色循环"渔业海洋垃圾数字化治理项目简介

浙江省是长三角沿海区域的海洋大省,拥有几千座沿海岛屿,是全国岛屿最多的省份,大陆海岸线长度约 2200 千米。加强海洋生态环境保护,重任在肩。

海洋污染治理既是海洋环境保护的重要任务,也是浙江"无废城市"的建设方向。台州是浙江海岸线最长的城市,也是渔业生产大市,治理渔业海洋塑料污染,建设美丽海湾对于台州建设"无废城市"尤为重要,为此,台州探索实施基于数字赋能的渔业海洋垃圾治理模式——"蓝色循环"。

"蓝色循环"项目以"数据驱动"打造集海洋垃圾的收集、运输、再生、国际高附加值利用的可循环价值链,构建了渔业海洋垃圾"收集—运输—处置—再生"的全流程闭环治理体系,将回收的渔业海洋垃圾再加工为塑料高附加值原料,获得国际权威认证,为塑料出口企业增强了环保竞争力,可以整体提高30%的产业价值,从而破解渔业海洋垃圾处置难、收集难、再利用难等问题,实现渔业海洋垃圾变废为宝、循环利用,助力海洋绿色发展,助力海洋生态环境治理的可持续发展。

项目由中国移动台州分公司与浙江蓝景科技有限公司共同研发,在5G海洋云仓(渔省心)上迭代升级,通过"5G物联网＋区块链"技术与船舶污染物防治数字化平台无缝对接,将渔业海洋垃圾数据实时上传至平台,实现港船治污"全覆盖"、海事监管"全闭环"、渔业服务"全方位"。

2022年,数字赋能治理渔业海洋垃圾"蓝色循环"入选浙江省全域"无废城市"建设最佳实践案例、浙江省数字化改革最佳应用、首批浙江省共同富裕最佳实践,获浙江省改革突破奖;2023年,"蓝色循环"渔业海洋垃圾数字化治理项目被提名联合国"地球卫士奖"并荣获第六届数字中国建设峰会数字生态文明优秀案例(浙江省共有4个项目获此殊荣),在全国复制推广。此外,还入选第六届数字中国建设峰会数字生态文明优秀案例、浙江省高质量发展建设共同富裕"最佳实践",并在全国复制推广。

二、"蓝色循环"渔业海洋垃圾数字化治理主要做法

一是建立数字化网络体系实现渔业海洋垃圾收集。依托国家已经开放的现有的船舶、海滩、入海口、环卫等公共数据,开发出涵盖入海口、港口、出航船舶等环节的"蓝色云仓"智能设备,建立海洋垃圾收集数据平台。组织沿海居民、码头商户、船东和渔民成为一线渔业海洋垃圾收集者,通过填报渔业海洋垃圾数量、种类等进行数据收集。同时将该系统与城市环境卫生管理系统相结合,形成了"陆地防护、水闸拦截、滩涂净化、船舶回收"的多功能海洋垃圾处理网络。

二是建立数字化网络体系实现对渔业海洋垃圾的最大化利用。从各个渠道收集来的渔业海洋垃圾,通过"蓝色循环"项目设置在码头上的"蓝色云仓",进行减容减量、分质分流自动化加工,容量和数量都被压缩到八成,大大降低了后期的运输和处理成本。其中,非再生渔业海洋垃圾进入城市系统,被无害化处理;废弃的塑料瓶、泡沫、渔网等可再生的渔业海洋垃圾进入流通环节,并有计划地

被运送到符合要求的企业进行集中回收。

三是建立数字网络体系实现对渔业海洋垃圾可追溯国际认证。当前在全球范围内,为实现循环经济,许多著名企业纷纷呼吁在其供应链中采用经过认证的可回收塑料来代替传统原料。"蓝色循环"项目与国际环境保护组织、涉海科研机构、塑料行业企业结成"蓝色联盟",在全球范围内开展"非中心化认证",并将其转化为"海洋塑料颗粒",进行国际贸易,以满足国际品牌商对海洋塑料颗粒和海洋碳汇指数的需求,开辟了渔业海洋垃圾高附加值的利用通道。例如,打造全球首发的海洋塑料手机壳。通过扫描手机壳背面的二维码,可以洞悉海洋塑料手机壳从塑料垃圾的收集、运输、存储、转运、再生造粒,最终到手机壳的制作的全流程。

四是构建数字网络体系形成"多赢共富"的富裕模式。项目以"高附加值"和"碳排放红利"为驱动力构建数字网络体系,吸收世界各地的海洋塑料回收企业、认证企业及国际环保资金,组建"蓝色联盟",设立"共富基金",探索海洋塑料回收产业的价值再分配模式,并对"源头回收""闲置劳动力"等中低收入者给予补助,提高他们的收入,从而引导全社会积极参与,最终构建多主体"共享治理、共享收益"的价值分配机制和可持续发展机制。

"蓝色循环"渔业海洋垃圾数字化治理见图6-1。

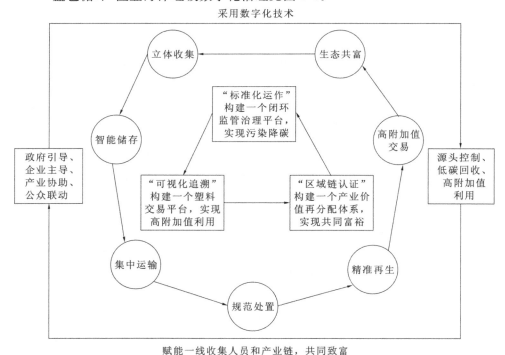

图 6-1 "蓝色循环"渔业海洋垃圾数字化治理

三、"蓝色循环"渔业海洋垃圾数字化治理项目主要成效

长三角沿海地区海洋渔业经济发达,渔业从业人口众多,是我国渔业海洋垃圾污染最主要的地区。在浙江省数字化改革的契机之下,浙江台州"蓝色循环"项目通过数字赋能,实现了渔业海洋垃圾治理从"以政府为主"的治理模式转向"以市场为导向"的多主体参与治理模式。渔业海洋垃圾治理中各主体的作用有了重新定位,政府从治理者变成服务者和监管者;企业投资海洋塑料行业进行建设,并从中获取经济效益;社会公众从消费者变成环境保护的参与者。"政府引导,企业主导,公众参与"的"蓝色循环"多元治理模式取得了一系列成效。

一是政府引导实现一系列制度创新。"蓝色循环"以全流程可视化追溯技术为核心,政企合作,推动国际海洋塑料标准的制定;海洋塑料污染治理碳减排、碳交易的"浙江标准"也在"蓝色循环"治理模式的推广过程中逐步成型,为构建"中国标准"提供浙江实践经验。

二是企业主导市场化运行,实现共同富裕。将"蓝色云仓"的海洋智能设备部署在各沿海区域的各个生产环节,对其进行实时采集,并对其进行分类处理,以实现对渔业海洋垃圾的有效控制,为未来的高附加值利用打下坚实的基础;实体化运营渔业海洋垃圾回收队,该回收队的成员以沿海村庄的低收入人群、码头商户、船东和渔民为主。以台州市试点单位椒江"小蓝之家"为例,当地一线渔业海洋垃圾收集人员的收入翻倍;渔民通过打捞渔业海洋垃圾,总共免费置换13.8万瓶矿泉水;通过渔业信用评价体系,累计发放8769万元绿色金融贷款。与一般的回收塑料相比,经过蓝色循环验证的"海胶颗粒"价格要高出130%。据报道,椒江大陈岛组织了12名村民,回收了5万个塑料瓶,制作了2万个价值较高的手机壳,为村民创造了23000余元的收入。因此,"蓝色循环"渔业海洋垃圾治理模式为收入较低的涉海群体创造出新的收入渠道,调动了他们参与海洋环境治理的积极性,也加强了他们的环保意识。

三是社会公众广泛参与减污降碳。截至2022年底,椒江区率先推进"蓝色循环"海洋塑料垃圾治理试点,实施"陆防、闸拦、滩净、船收"治理新模式,建成"蓝色云仓"2个,"小蓝之家"2个,岛上回收塑料瓶约46.7万个,减少海洋塑料垃圾约9.34吨,减少碳排放约12.142吨。从项目开启以来,台州5个县(市)就开始应用"蓝色循环"新模式,共有4350艘渔船参与,5个"蓝色云仓"建成,16个海洋垃圾临时存放点建成,11个"小蓝之家"作为海洋垃圾收集站,加上4个海洋环境卫生服务站,形成了一个完整的海洋垃圾立体回收公众参与网络体系。

总之,浙江的"蓝色循环"模式注重通过数字创新,有效解决"无人回收""低价值""可持续"等难题,建立"绿色循环"的产业价值再分配系统,实现"减少污染、减少碳排放"和"共同富裕"的目标。

第三节　数字化技术赋能渔业海洋垃圾治理现代化

一、数字化技术赋能渔业海洋垃圾治理现代化的运行逻辑及模式转型

从现实角度来说,虽然长三角沿海区域近年来的渔业海洋垃圾治理工作取得了一定的成效,但是我们也要认识到,目前的情况依然不容乐观,渔业海洋垃圾治理的任务依然十分艰巨,传统的管理模式很难对社会上的多元化利益做出有效的反应,因此,必须借助数字化技术加以突破。

从可能性的角度来看,长三角沿海区域现代科技的发展及大量长三角区域一体化政策措施,都为数字化技术赋能长三角沿海区域渔业海洋垃圾治理提供了强有力的条件支持,这也是推进长三角沿海区域渔业海洋垃圾数字化治理的基本动力。

在技术支持方面,随着互联网经济和大数据时代的到来,数字化技术已经成为企业发展的关键因素和核心资源。数字化技术的出现,为人类社会发展创造了无法衡量的价值。伴随着国家对环境保护和绿色发展的重视,沿用传统的治理理念、治理方式和治理手段,显然已经不能满足时代的发展需求。在这一背景下,需要对渔业海洋垃圾管理制度进行改革,而数字化技术的创新是实现其现代化的关键技术。事实表明,随着数字化技术的迅速发展,它在渔业海洋垃圾监测、渔业海洋垃圾治理执法、渔业海洋垃圾治理引导等方面的应用,取得了明显的成效。

从本质上说,数字化技术对渔业海洋垃圾治理的赋能不是一个简单的技术应用问题,而是将数据资源、数据治理理念和智慧治理技术的"三位一体"有机地融入渔业海洋垃圾治理的实践中,从而实现对渔业海洋垃圾治理的主体观念的重构,制定更科学的治理决策,变革治理方法及优化渔业海洋垃圾治理的目的和效果。数字化技术的开发与应用,开辟了一条新的技术赋能之路,促进了渔业海洋垃圾治理转型发展,推进环境治理现代化,数字化技术对渔业海洋垃圾治理工作的影响是不容忽视的。这就要求长三角沿海区域要顺应时代的潮流,跟上时代的步伐。

在政策支持方面,国家的相关政策规定是数字化技术作用于环境治理过程的重要行动指引,为数字化技术赋能渔业海洋垃圾治理框定边界条件。习近平总书记在2017年中共中央政治局第二次集体学习时明确指出,"要运用大数据提升国家治理现代化水平。要建立健全大数据辅助科学决策和社会治理的机

制，推进政府管理和社会治理模式创新"；国务院出台的《促进大数据发展行动纲要》提出构建"互联网＋"绿色生态，实现生态环境数据互联互通和开放共享；原环境保护部印发的《生态环境大数据建设总体方案》对海洋生态环境的大数据发展进行了顶层规划，提出用数据化决策思维，再造环境治理；国家互联网信息办公室印发的《数字中国建设发展进程报告（2019 年）》指出海洋生态环境的数据化管理技术成为推进海洋环境治理体系和治理能力现代化的重要手段；生态环境部发布的《2018—2020 年生态环境信息化建设方案》提出信息化是驱动现代化建设的先导力量，大数据、"互联网＋"、人工智能等信息技术正成为推进海洋生态环境治理体系和治理能力现代化的重要手段。上述国家顶层设计与政策措施为数字化技术赋能渔业海洋垃圾治理现代化提供了良好的政策环境，推动了数字化技术赋能渔业海洋垃圾治理现代化的发展。

（一）数字化技术赋能渔业海洋垃圾治理现代化的运行逻辑

通过对以上"蓝色循环"项目的梳理可以看出，利用数字化技术进行渔业海洋垃圾治理探索取得了较好的效果。数字技术赋能渔业海洋垃圾治理现代化的运行逻辑，可归纳为几个方面。

其一，政府管理观念的现代化。数字化技术已渗透渔业海洋垃圾治理的决策、实施与监管的全过程，加快了海洋环境治理的现代化进程。其中，以数字技术驱动为核心的"平台思维"与"大数据治理"思想发挥着重要作用，从而推动了我国渔业海洋废弃物治理模式的改革与海洋环境治理质量与水平的提升。在这一思路的指导下，长三角沿海区域将数字技术与渔业海洋垃圾处理技术深度融合，推动渔业海洋垃圾治理的长效化。

其二，科学的政府政策制定。在传统的渔业海洋垃圾管理模式下，信息的落后、闭塞和不完备，造成了政府对渔业海洋垃圾治理的认识偏差，造成了渔业海洋垃圾政策制定的偏差，影响了管理的有效性。毫无疑问，信息与数据是政策制定的依据，而数据的完整性与充足性，则是政府科学制定政策的先决条件。在此基础上，提出了一种新的、可持续的、具有较强应用价值的数据处理方法，实现了对渔业海洋垃圾大数据的有效支持，提升了政府制定环境政策的前瞻性和科学性。

其三，管理方法智能化。将数字化技术运用于渔业海洋垃圾治理，其本质是对渔业海洋垃圾管理模式进行"智能化"重构的过程。人工智能系统将收集到的各种渔业海洋垃圾监测数据、实时照片、视频等，集中传输到大数据平台上，通过大数据对渔业海洋垃圾进行分析，监管者就能够实时掌握渔业海洋垃圾种类的最新变化状况，实时监测导致渔业海洋垃圾污染变化的复杂因素及它们的作用规律，从而及时地采取有效的对策。

其四,有效的治理成果。以数字化技术为基础,深入挖掘并分析渔业海洋垃圾治理的数据,可以有效地识别出信息之间的关联及现象背后的规律,对事态的发展趋势做出科学的预测,让渔业海洋垃圾治理更加规范化、精准化和高效化,能够有效地集成已有的独立的渔业海洋垃圾治理信息,实现渔业海洋垃圾治理的智能决策、科学管理和有效执行,从而促进渔业海洋垃圾治理的现代化。

(二)数字化技术赋能渔业海洋垃圾治理现代化的模式转型

数字化技术的运用,给渔业海洋垃圾治理带来了深远而广泛的影响。利用数字化技术赋能渔业海洋垃圾治理,为其注入"智慧基因",可提高其管理水平,促进其管理方式变革,实现精细化、协同、全程、科学的渔业海洋垃圾治理格局。

其一,数字化技术推动了渔业海洋垃圾精细化治理模式的形成。将数字技术应用于渔业海洋垃圾治理,使管理决策与执行更加理性、精准。在环境决策的层次上,借助数字技术,可以对渔业海洋垃圾的治理和有关的社情民意进行广泛的收集。利用大数据的分析,精确定位渔业海洋垃圾的治理目标与范围,使治理者能够制定更加精准与高效的环境决策,满足公众差异化与个性化的环境需求。同时,可以通过数据挖掘算法、数据预测性和可见性分析等,对大量的数据进行筛选、排序、整理、整合和关联分析,准确地预测环境事件的发展趋势,并做出与当前情境相适应的决策,从而提高长三角沿海区域渔业海洋垃圾治理水平。在执行层面,收集和整理渔业海洋垃圾来源、种类等检测数据、日常巡查记录、公众净滩等,运用大数据进行可视化分析,就能准确掌握渔业海洋垃圾污染发生的规律,并进行有效应对。换言之,利用大数据技术,可以对渔业海洋垃圾治理过程中存在的诸多问题进行精确定位和可视化感知,以此来为渔业海洋垃圾治理过程中人、财、物等资源的精确配置提供参考,这对降低渔业海洋垃圾治理成本、提高渔业海洋垃圾治理效能有重要意义。

其二,数字化技术推动渔业海洋垃圾合作化治理模式的形成。在大数据时代,随着信息的快速传播、传播范围的扩大及传播手段的多元化,信息来源不再受到时间和空间的约束,更多的主体能够在不同的媒体上发布各种各样的信息和需求。也就是说,在渔业海洋垃圾信息管理平台上,利用目标链接与嵌入技术,建立一个数据访问终端,可以有效地获取、分析、处理和发布渔业海洋垃圾的相关信息。数字化技术所带来的环境信息共享,不但降低了企业获取环境信息的成本,还可以在共享的过程中衍生出更多的资源,提高企业参与渔业海洋垃圾治理的积极性。此外,数字化技术还可以构建一个与公众密切结合的环境信息互动体系,将公众变成大数据收集与监督的主体,从而推动公众运用数据平台来参与渔业海洋垃圾治理。在此基础上,通过构建跨部门完全开放的各类渔业海洋垃圾污染数据集,构建高效的大数据交互式网络,突破信息孤岛,缩小数字鸿沟,实现多区域、多层次的组织联动,有效提高跨部门的协同治理水平。

其三,在此基础上提出了以数字化技术为核心的生态系统管理模式。中国传统的渔业海洋垃圾管理是一种"终结型"的管理方式,使得政策从制定、实施到监管的各个环节均出现了时间与空间上的错位,严重影响了渔业海洋垃圾整体治理目标的实现。目前,数字化技术对渔业海洋垃圾治理进行了赋能,在大数据的采集、存储、关联分析和共享等功能的基础上,引入数字技术中的放大、叠加、倍增等功能。在这一过程中,治理主体能够更快地研判从环境风险的形成、发展、衰退、转变到灾难性事件的演化机理,并提前制定相应的治理策略,实现对渔业海洋垃圾治理的事前精准预测。基于数量巨大、分布广、结构复杂、属性多样的监测数据,运用大数据技术,从中挖掘出可用于渔业及海洋废弃物管理的有效信息,实现对渔业海洋垃圾的事中精准管理。另外,通过数字技术的分析,可以及时地对渔业海洋垃圾治理的实践经验进行总结和提炼,可以为政府后续的治理工作提供指导。同时,通过大数据平台得到的评价反馈,可以督促政府对渔业海洋垃圾的实施效果进行监督和评估,从而达到对渔业海洋垃圾治理的事后有效监管。

数字化治理使渔业海洋垃圾的监督管理更加高效、可视化和透明化。通过数字化手段,可以实现对渔业海洋垃圾的实时监测、全面分析和精细化管理,提升海洋环境保护水平,为渔业可持续发展提供科学支持。这样,在管理上的困难就得到了很好的解决,同时也提高了渔业海洋垃圾的处理效率。

二、数字化技术赋能渔业海洋垃圾治理现代化面临的困境

数字技术为渔业海洋垃圾治理提供了前所未有的机遇,可以有效整合各种社会资源,构建一种适合国家治理现代化的立体治理模式。然而,从总体上来讲,"数字技术赋能"渔业海洋垃圾治理过程中,还存在着传统思维误区、供给缺口、融合程度不够等问题,"数字技术"在渔业海洋垃圾治理领域的运用并不顺畅,制约了"数字"赋能的"效能"提升。

(一)渔业海洋垃圾治理主体传统思维误区的阻滞

1. "以政府为中心"观念的误区

我国长期以来一直采取"政府主导"的海洋环境管理方式,这主要是"政府本位"理念的体现。在海洋环境治理的特定阶段,政府中心主义理念发挥了一定的积极作用,可以将地方政府预防和治理渔业海洋垃圾的积极性充分调动起来,引导地方政府重视海洋环境保护,加大对渔业海洋垃圾治理的投入力度,并集中力量解决本区域内的突出环境问题。但是,"以政府为中心"的观念,造成了"信任"

"包容"的缺失,使得"合作"难以实现。

根据数字化治理比较发达地区的经验,综合运用大数据、云计算、模型分析等技术手段,构建一个综合管理平台,目的是要打破渔业海洋垃圾治理中的条块分割和数据壁垒,推动长三角沿海区域渔业海洋垃圾治理的数据共享、网络互连和多元主体协同。从本质上讲,渔业海洋垃圾数字治理是基于协同治理的理念,通过对治理的权力结构进行调整,实现从单一主体治理到多元主体治理的转型,从而重构其秩序的一个过程。也就是说,在渔业海洋垃圾数字化治理过程中,要实现数据的流动、共享、无缝对接,就必须有开放、协作的能力。当前,"以政府为中心"的海洋环境管理观念,无疑与渔业海洋垃圾数字化治理的需求相悖,这种以政府为核心的传统海洋环境管理观念,不利于充分发挥数字技术在渔业海洋垃圾治理中的效能。

2. "数据万能"理念的误区

在数字技术日益普及的今天,人们极易形成"技术万能"的"全能主义"思想。毫无疑问,将数据思维融入渔业海洋垃圾治理进程中,会使渔业海洋垃圾治理变得更加专业化、科学化和智能化,但是,如果对数据过分依赖,将造成对技术治理风险的忽视,并且在大数据的影响下,可能会造成渔业海洋垃圾治理的重大失误。

"数据万能"理念是一个常见的误区,数据只是客观事实的反映,并不包含全部信息。在某些情况下,人类的经验和直觉可能比数据更重要。数据的采集和处理过程可能存在错误和偏差。如果依赖不准确的数据进行决策,可能会导致错误的结果。此外,数据本身也可能受到操纵或误解,从而产生误导性的结论。数据往往只是对现象的一部分描述,而非全面的表达。如果仅基于有限的数据进行分析,可能会忽略重要的因素和变量,导致不完整或片面的结论。数据需要经过合适的处理和解读才能转化为有用的信息。利用不同的数据分析方法和模型可能得出不同的结论,需要慎重选择合适的方法,并避免武断地依赖数据结果。数据的采集和使用往往涉及个人隐私和伦理问题。在处理数据时,应当遵守相关法律法规,充分考虑社会、文化和伦理因素,确保数据的安全性、合法性和公正性。

(二)数字化技术赋能渔业海洋垃圾治理现代化的供给缺口

1. 制度供给不足

目前,中国在渔业海洋垃圾数据的安全性方面还处在摸索阶段,从收集、存储到开放共享等方面都面临着巨大的安全风险,而现有的法律对于这些方面的关键问题缺乏有效的规范,特别是与之相适应的治理主体权责边界、数据产权归属等方面的政策和法规尚未出台。由于缺乏相关的法律法规,在一定程度上限制了大数据的产生和使用,使得在数字技术辅助的环境治理过程中出现的大量数据权冲突未能得到有效解决。与此同时,在数字技术赋能的渔业海洋垃圾治理现代化进程中,也出现了一些问题,如对网络平台的监管力度不够、对数据安全和隐私保护的责任不够明确,这些都会影响数字技术对渔业海洋垃圾治理的整体效率,对渔业海洋垃圾治理现代化的转型发展不利。

2. 缺乏技术支持

从数据收集的角度来看,渔业海洋垃圾大数据中包含了大量的文本、图片、音频、视频等多源异构数据,这些数据需要通过特定的数据装置和智能化技术才能被转化为容易识别的格式。在数据存储上,传统的关系型数据库已经不能与大规模的结构化、半结构化及非结构化数据的混合处理需求相匹配,因此,必须开发出针对大数据的并行处理器技术来应对这些需求;在数据分析上,需要运用人工智能技术,如云计算、数据挖掘、模糊计算等来分析、处理大量的环境数据。从实际情况来看,虽然我国近几年的数字技术有了很大的进展,但在渔业海洋垃圾治理方面,数据处理设备、信息系统控制平台、管理终端设备等还不够完备,数据类型单一,数据范围狭窄,尚未形成一个全面涵盖生态环境各个因素的数据库,特别是支持数据采集、存储与分析的传感器以及网络通信、隐私保护等关键技术,还不能很好地满足渔业海洋垃圾智能管理的需求。

3. 供应不充分

数字化技术赋能渔业海洋垃圾治理是一个需要大量资金的综合性、系统性项目。我国目前面临的经济下行压力较大,在减税降费等因素的作用下,我国各级政府的财政收入增长速度大幅下降,财政支出对可持续发展的支持能力显著减弱;同时,我国的海洋环境治理工作面临着严峻的挑战,因此,在这样的情况下,有些地方还需要通过举债来筹措环保资金,各级政府可用于数字技术发展的经费非常有限,数字技术赋能的渔业海洋垃圾治理存在着巨大的资金缺口。另外,数字化技术赋能的渔业海洋垃圾治理,具有投资成本高、短期回报率低的特点,这也导致社会资本对其投资的意愿较弱,从而限制了其社会资本的来源。

(三)数字化技术与渔业海洋垃圾治理的融合程度不够

1. 数据整合共享难度较大

在大数据时代,实现数据在不同主体之间的流通与共享是实现数字技术赋能的重要前提,目前长三角区域渔业海洋垃圾治理的地域性、复合性对数据共享的需求越来越迫切。但是,一方面,从客观的角度来看,渔业海洋垃圾数据的来源比较多,组成比较复杂,兼容性比较差,并且在划分方式、种类、来源等方面存在很大的差异,这给在数字管理平台上进行检索、整合和共享带来了很大的困难。另一方面,从主观的角度来看,一些海洋环境主管部门由于担心数据共享后会对本部门、本地区的利益和声誉造成不利影响,所以不敢或者不愿意将相关的数据进行共享,从而导致在行为上产生了"数据保护主义"倾向。换句话说,数据质量低劣、数据标准不统一、部门间"数据割据"等,使得渔业海洋垃圾大数据所蕴藏的宝贵资源得不到有效的开发与利用,导致了"数据烟囱""信息孤岛"等诸多环境管理难题,不利于实现长三角沿海区域渔业海洋垃圾治理的转型。

2.公众对数字治理的参与度不高

在传统的以政府为中心的管理观念和思维定式下,我国目前的渔业海洋垃圾数字化治理仍以政府主导为主,公众整体参与渔业海洋垃圾治理程度不高。一是公众参与通道不畅通。虽然长三角沿海区域环保部门、渔业管理部门、资源管理部门已经建立了渔业海洋垃圾数字化平台,但是这些平台大多只能进行一种单向的数据传输与流动,参与方的身份不够平等,缺乏相互信任与尊重。这就造成了参与方之间的互动与沟通基本上还停留在象征性参与的阶段与层面,并没有真正落实倾听公众诉求、与公众互动、处理意见投诉与反馈的工作,因此很难实现自上而下的渔业海洋垃圾数字化治理与自下而上的渔业海洋垃圾数字化民主的有效融合。二是缺乏公众对治理的参与。在大数据背景下,由于年龄、城乡等因素的影响,一些特殊人群在信息获取、信息传递和信息使用等方面表现出明显的"弱者"特征,"数字鸿沟"的存在使得这些人群很难真正融入数字治理中,这成为阻碍其全面推进的重要因素。

(四)数字化技术嵌入渔业海洋垃圾治理面临诸多风险

1.涉及威胁信息安全

在大数据时代,通过数据挖掘技术分析海量的海洋环境数据,可以打破匿名技术的壁垒,从而实现对海洋环境数据的可辨识性恢复,获取用户身份、个人属性、行为轨迹等与公民个人隐私相关的重要信息。现有的数据脱敏、差分隐私、同态加密等隐私保护技术无法有效解决这一问题,使得在数字海洋环境管理过程中,个人隐私很难得到有效保护。

2.错误的海洋环境决策

利用海洋环境大数据进行政府环境决策,既要建立完备的环境数据库,又要改进其分析方法,数据体系的构建与数字技术的改进都是一个漫长的过程,因此,基于这两种方法进行环境决策都存在着一定的风险。从建立渔业海洋垃圾数据体系的角度来看,在数据采集、存储和传输的过程中存在着技术风险。在数据采集过程中,机器误差、人为误差等原因,使得采集到的数据不具有代表性;在数据存储过程中受到来自外界的恶意攻击,以及系统自身存在的安全漏洞等原因,可能会导致数据被窃听、泄漏和篡改;在数据传输过程中,数据传输设备的故障和软件的兼容性较差等,可能导致传输过程中出现数据丢失和错误,从而导致数据分析与实际存在较大差异。另外,在对渔业海洋垃圾资料进行分析的过程中,所使用的方法与测试手段也会对数据的质量产生一定的影响。毫无疑问,对渔业海洋垃圾数据进行科学的分析是保证管理政策制定准确性的根本前提,然而在分析过程中往往存在选择性偏倚、混合偏倚、测度偏倚、算法黑箱、算法歧视等现象,不仅影响数据的真实性,还会造成政策制定过程中的偏差,增加了政策制定过程中的错误风险。

3. 海洋环境信息使用的不公正风险

大数据所提供的技术与资源不平等地被各组织所创造与使用,这将对各组织的财富累积与社会地位产生影响,从而导致新的社会分化。在此背景下,本书提出了一种新的可获取性评价指标体系,即可获取性评价指标体系。一方面,经济实力雄厚、文化水平高的人群能够很方便地采集和发布海洋环境信息,并将这些信息及时地发布到环境大数据平台中,因此,他们是数据密集型提供者,在环境政策制定中更容易受到关注;另一方面,在没有数据支撑的情况下,海洋环境信息的获取、处理、分析与利用等严重不足,其在国家环保政策制定过程中往往会被忽视。可以说,大数据技术就像一把双刃剑,一方面,它给拥有资本和技术的群体带来了可持续的收益;另一方面,它在挤压着草根群体的环境利益空间和观点表达,从而对他们的发展机会造成了更大的影响。总体而言,大数据技术在推进环境治理转型的同时,也带来了利益裂痕、社会裂痕、环境不公等问题。

三、优化数字化技术赋能渔业海洋垃圾治理现代化的路径

(一)重塑数字化技术赋能渔业海洋垃圾治理现代化的理念

其一,要突破各部门之间的数据壁垒,建立数据开放与共享的理念。在思想层次上,渔业海洋垃圾治理现代化转型,是环境管理观念的更新与思想转变的过程。这就要求:一方面,在渔业海洋垃圾的治理过程中,政府应该建立"数字思维",不仅要从随机取样转变为全样本分析,通过大数据所产生的巨大且丰富的数据资源对整个渔业海洋垃圾治理情况进行全面把控,而且要从因果分析转变为相关分析,进而对治理事件的未来发展趋势做出预测。另一方面,治理主体必须建立"智慧思维",以符合数字化治理的平等协作、开放共享、跨界融合、协同发展的"互联网思维",消除各主体之间的"数字鸿沟"与"数字排斥",实现数据的监控、收集、整合、发布,提升其决策与管理的科学水平。

其二,纠正"数据万能"的思想误区,确立"以人为本"的渔业海洋垃圾治理现代化管理观念。从历史和现实两个层面来看,技术是一种人的行为,而"赋能"是技术的基本价值。从现实意义上说,任何时期的科技都应当对经济发展和社会福利起到巨大的推动作用。所以,将数字技术应用到渔业海洋垃圾治理中,就是要为渔业海洋垃圾治理提供服务,推动人类社会可持续发展目标的实现。从这个角度来看,在渔业海洋垃圾治理过程中,数字技术的运用自始至终要坚持并贯彻"以人为本"的渔业海洋垃圾治理理念,应该警惕任何机构和个人把数字技术当作奴役别人或束缚自我的工具,避免主体在治理过程中,对人类独立思考和判断的能力产生排斥。实际上,渔业海洋垃圾治理的过程,不仅是政府利用数字技术,积极响应治理中的多主体需求的过程,也是实现"以人为本"的数字技术治理的过程。从目标方面来看,在渔业海洋垃圾数字化治理过程中,利用大数据对分散在政府、企业、社会组织及志愿者等多种主体间的环境信息与资源进行有效整合,是为了促进渔业海洋垃圾治理中各个利益相关者的目标兼容与协调发展,提高渔业海洋垃圾治理的公平、互信与互惠程度,进而有效地解决渔业海洋垃圾治理中存在的实际问题。渔业海洋垃圾治理中以人为本理念的确立,要求各治理主体充分认识到良好的技术治理要以实现人的发展为宗旨,在发挥数字化技术积极作用的同时,应全方位预防恶意扰民、侵害民众权益的技术的研发和应用,以实现渔业海洋垃圾现代化治理效能最大化。

(二)形成数字化技术赋能渔业海洋垃圾治理现代化的多主体共治局面

运用数字化技术聚集多主体力量,形成互动合作、包容共享的协同共治体系才是真正的现代化治理。大数据的开放性、共享性、透明性有助于打通政府、企业、社会组织、公众等渔业海洋垃圾治理主体之间的边界,建立"各尽其职"的分工体系,促进"多元共治"的复合型渔业海洋垃圾治理格局的形成。首先,政府在数字化技术赋能渔业海洋垃圾治理中的作用是规范、引领、整合和保护。政府能够发挥自身的权威和专业优势,促进渔业海洋垃圾大数据的发展和合理利用,推动渔业海洋垃圾治理数字化转型和智能化进程;同时,政府也需要平衡数据使用的好处和隐私保护的需求,为社会带来最大的利益。其次,企业在数字化技术赋能渔业海洋垃圾治理中担任数据收集者、数据分析师、科学家、驱动者等多种多样的角色,可以从渔业海洋垃圾数据收集、管理到分析、应用等角度体现企业的参与和贡献,通过有效利用大数据,企业可以提高渔业海洋垃圾协同治理效率,降低渔业海洋垃圾协同治理成本,优化渔业海洋垃圾协同治理决策,并获得竞争优势。再次,社会组织作为渔业海洋垃圾治理的不可或缺的重要行动者,应以大数据信息共享平台为基础,在政府与公众之间建立起沟通合作的桥梁。社会组织可以针对性地推动政府出台相应的政策和措施;可以通过大数据平台共享和交流相关信息,提高渔业海洋垃圾治理计划和行动的合作性和协同性;可以利用大数据开展渔业海洋垃圾治理公众教育和宣传活动,以提高人们对渔业海洋垃圾问题的认知水平;通过数据分析和可视化,社会组织还可以向公众传达渔业海洋垃圾对环境和人类健康的影响,并呼吁人们采取行动减少渔业海洋垃圾的排放和清理渔业海洋垃圾。最后,公众可以通过技术赋能增强参与意识。通过参加培训课程、在线学习平台或社区活动,学会善于利用各种开放数据资源,获取有关社会、环境、经济等领域的信息,提高对渔业海洋垃圾治理大数据的理解和运用能力,从而更好地理解社会问题、做出个人决策、参与社会讨论和行动,推动渔业海洋垃圾社会共治格局的形成。

(三)加强数字化技术赋能渔业海洋垃圾治理现代化的保障体系

建立一个完善的保障体系,加强数字化技术赋能,可以提高渔业海洋垃圾治理的现代化水平,实现更加高效、精准的垃圾治理,促进海洋生态环境的保护与恢复,推动渔业的可持续发展。

其一,技术支持与创新。引进和投入先进的数字化技术,如物联网、大数据、人工智能等,以提升渔业海洋垃圾治理的效率和准确性。同时,鼓励技术研发和创新,推动数字技术在渔业海洋垃圾治理中的应用。一方面,这与数字时代的需求相适应,可以强化渔业海洋垃圾监测基础设施的智能化建设。另一方面,为发挥数字化技术对渔业海洋垃圾数字化治理的推动作用,应加大渔业海洋垃圾治理在数据收集阶段、数据处理阶段、数据变现阶段中的数字化安全技术的研发投入力度。在数据收集阶段,应建立统一的渔业海洋垃圾信息收集标准化体系;在数据处理阶段,应对来源多样化的渔业海洋垃圾数据进行安全维护,保证渔业海洋垃圾数据的完整性、保密性和可用性;在数据变现阶段,加强数据加密、防病毒、流动追溯等有关数据安全核心技术的开发和应用,防止渔业海洋垃圾数据被滥用。

其二,数据共享与协同支持。建立数据整合平台,整合不同来源的渔业海洋垃圾数据,包括监测数据、清理数据、处置数据等,实现数据共享和交流,确保数据的准确性、及时性和安全性。利用数字技术实现对渔业海洋垃圾实时监测和预警。通过遥感和传感器等技术手段,监测海洋垃圾的分布、密度和漂流情况,并及时发出预警信息,为渔业海洋垃圾治理提供科学依据。建立数字化平台,促进政府、渔民、环保组织、科研机构等多方的协同治理和联防联控。通过数字化手段,实现信息共享、多方协作和任务分配,共同推进渔业海洋垃圾治理工作。通过数字化平台向公众传播渔业海洋垃圾治理的知识和信息,提高公众的环保意识和参与度。鼓励公众通过在线平台报告渔业海洋垃圾问题,并提供相关建议,实现公众广泛和深入参与。

（四）构建数字化技术赋能渔业海洋垃圾治理现代化的风险防范机制

为规避数字化技术赋能渔业海洋垃圾治理现代化中的潜在风险,应构建渔业海洋垃圾智慧治理的风险防范机制。具体包括以下内容。

其一,完善渔业海洋垃圾治理相关数据安全保护。就政府来说,主管部门应建立数据资源目录管理系统,区分公共数据和个人数据,辨识敏感信息和非敏感信息,以便对环境大数据进行有效控制和分类管理;为参与渔业海洋垃圾治理企业、社会组织的工作人员提供定期的数据安全培训和教育,增强其数据安全意识,同时要通过宣传手段教育公众正确处理数据、使用数字化技术识别和应对安全威胁;配置日志记录、报警机制,用合适的保密手段建立实时监控系统,及时检测和应对异常活动和安全事件,能够追踪和分析潜在的安全风险,并采取适当的紧急响应措施。对企业而言,对于渔业海洋垃圾数据采集、处理、分享及应用,应通过编写员工安全培训手册、数据安全承诺书及建立数据泄露的报告、处理、赔偿机制等方式加强内部数据安全管理。对于与第三方合作伙伴共享数据或使用其提供的数字化技术的情况,应进行风险评估和尽职调查,确保合作伙伴有适当的数据安全措施和隐私保护机制,并签署相关的保密协议和合同。对社会组织来说,要明确数据安全边界,根据不同环境要素明确可操作风险等级保护标准和信息安全管理标准。

其二,完善技术赋能的法律责任机制。政府部门应建立适应技术赋能的渔业海洋垃圾治理的法律框架和法规体系,确保法律能够及时跟进新兴技术的发展,并提供法律指导,以规范技术赋能活动的法律责任,同时要强化法律监管和执法,确保法律的有效实施。建立专门的监管部门或机构,负责监督和管理技术赋能活动,对违法行为进行处罚和法律追究。加强跨境合作和国际协作,促进国际标准的制定。借鉴其他国家的法律经验和先进做法,推动全球范围内的技术赋能法律责任机制的完善。企业、社会组织、公众要明确技术赋能中涉及的各方责任,包括技术提供商、平台运营商、数据处理方等相关主体,确保各方在技术赋能过程中承担相应的法律责任。确保技术赋能活动中的数据收集、处理、存储符合相关的隐私保护的法律法规,并规定相应的责任和处罚措施,保护国家海洋权益。技术提供商和平台运营商应采取必要的安全措施,并对安全漏洞和风险进行及时修复和处理。增强责任透明度和追究力度,对于违反法律规定和侵害用户权益的行为,应追究相关法律责任。

第七章　长三角沿海区域渔业海洋垃圾法治化治理研究

第一节　长三角沿海区域渔业海洋垃圾治理政策现状

一、基于政策工具视角的长三角沿海区域渔业海洋垃圾治理相关理论及相关概念

政策工具研究兴起于 20 世纪 80 年代,当时政府政策执行的复杂性及在执行过程中出现的政策失败、政策重复、政策低效等现象,使政治管理学家们对政策执行过程进行思考,政策工具研究因此成为当代西方公共管理学和政策科学的研究焦点,并产生了大量相关研究与衍生讨论。

长三角沿海区域渔业海洋垃圾治理的政策工具,是为了实现长三角沿海区域渔业海洋垃圾治理可持续发展、提升渔业海洋垃圾治理能力的具体政策手段。政策工具的分类、选择与运用对政策执行有重要影响,政策的完成需要政策工具这一基本途径,选择政策工具组合使用可以更好地完成公共治理的目标。

关于政策工具的选择,陈庆云(2006)认为主要存在三种模型,即经济学模型、政治学模型和综合模型。经济学模型主张从理论层面进行选择,主要使用推理的方式。政治学模型主要从经验层面进行选择,政策工具的选择主要是社会中各主体力量共同影响的结果。综合模型综合考虑经济学模型和政治学模型,从理论和实际经验两方面考虑政策工具的选择。为了选择适合且有效的政策工具,必须对影响政策工具选择的外界因素进行考量,这样可以更好地分析当前面对的问题,选择正确的政策工具。

长三角沿海区域渔业海洋垃圾治理政策工具就是中央和地方政府为了实现渔业海洋垃圾有效治理所采取的措施。为了更深入地研究长三角沿海区域渔业

海洋垃圾治理的政策与法规,本节从基本政策工具、政策主体、政策发布时间、政策文本形式四个维度对长三角沿海区域渔业海洋垃圾治理法规进行相关理论分析和框架构建。

1. 基本政策工具

在一般的政策分析理论框架里,第一维度指的是政府部门为实现特定的公共治理目标,在政策制定过程中所选择的特定方法或手段,也就是基础政策工具的方面。本书在分类渔业海洋垃圾治理的政策工具时,主要参考了我国学者杨洪刚提出的环境政策工具的三大分类方法,并结合实际情境,将渔业海洋垃圾治理的政策工具细分为命令-控制型、市场机制型以及社会参与型。

(1)命令与控制相结合的政策工具。

命令-控制型政策工具指的是政府为了实现公共治理的目标,对社会大众实施的具有强制性的政策,它重视行政管理方面的手段和措施。由于社会和市场力量的作用范围相对有限,命令-控制型政策工具应运而生。因此,为了实现政府的治理目标,国家和政府需要通过强制手段发布相应的政策和措施,这在特定的时间和环境下是至关重要的。

(2)基于市场机制的政策工具。

所谓的市场机制型政策工具,是指利用市场价格的波动来激励人们评估自己的利益,从而对实际行为产生影响,而不是通过设定明确的环境控制标准和方法条款来约束人们的行为。它主要包括税收优惠政策、排污权交易制度以及排污费征收机制。鉴于市场在资源分配中的核心地位,政府有能力通过政策调整来实现环境污染的外部性和内部化。市场机制型的政策工具通常可以进一步细分为利用市场(如生态补偿、政府财政补助、违法处罚等)和建立市场(例如排污许可资质)。

(3)社会参与型政策工具。

环境治理方面的社会参与型政策工具主要包括信息公开和公众参与两大类。信息公开是指信息主体(一般指政府)通过一定的信息舆论、协商劝告、道德说教等使民众心中形成一定的道德价值观,从而使民众能够自发地采取改善环境质量的行动,实现政府想要达到的环境治理目标。社会公众的广泛参与,一方面可以切实地减轻政府治理负担,缓解环境治理压力;另一方面有利于公民自身环保意识的形成,营造环保型社会氛围。

2. 政策主体

政策主体作为政策系统中的核心部分,是与作为客体的社会、企业和大众相对而言的,参与、影响、执行、监督政策的政府组织机构,主要包括中央和地方政府部门。同时,长三角沿海区域渔业海洋垃圾治理,必然离不开政府部门间的互相配合。可能在政策颁布过程中会出现多个政府部门因为职能交叉而合作,共同颁布政策的情况。对渔业海洋垃圾治理政策文本的颁布主体进行研究,可以深入分析政策文本颁布主体情况及不同政府部门间的合作情况。故本书将筛选过的132份政策文本的发布主体(如原农业部、交通运输部、浙江省人民政府等)作为研究对象,研究我国中央和地方政府部门在渔业海洋垃圾治理方面的文件颁布与合作情况。

3. 政策发布时间

本书选取2012—2022年中央和地方政府部门颁布的政策文本作为研究长三角沿海区域渔业海洋垃圾治理情况的政策文本。研究长三角沿海区域渔业海洋垃圾治理政策文本的发布时间,可以清晰地展示渔业海洋垃圾治理政策在时间跨度上的发展,体现国家和地方对于渔业海洋垃圾治理的关注程度。2011年"十二五"海洋规划提出要统筹考虑海洋生态环境保护与陆源污染防治,大力发展海洋循环经济,加强海洋资源节约集约利用,强化海洋生态环境保护和防灾减灾,不断增强海洋经济可持续发展能力。2016年"十三五"海洋规划提出要绿色发展、生态优先。坚持开发与保护并重,强化海洋环境污染源头控制,切实保护海洋生态环境。2021年"十四五"海洋规划提出要严格保护海洋生态环境,更加重视以海定陆。推进海洋产业绿色转型,遏制对海洋资源的粗放利用和无序开发,推动构建生态型海洋产业体系。加强海洋生态环境治理,全面提升海陆生态保护和污染防治一体化水平。因此本书选取的政策文本发布时间大致分为2012—2015年、2016—2020年、2021—2022年三个阶段。

4. 政策文本形式

从长三角沿海区域渔业海洋垃圾治理政策文本形式来看,筛选后的132份政策文本中,政策类型有意见、规定、法律、条例、通知、决定及公告等,体现出我国在渔业海洋垃圾治理上手段的多样性。从政策文本形式维度进行分析,可以很好地体现中央和地方政府部门颁布政策的优点与不足之处。

二、长三角沿海区域渔业海洋垃圾治理政策实践成效

(一)基于基本政策工具的长三角沿海区域渔业海洋垃圾治理政策梳理

1. 命令-控制型政策工具的主要政策法规梳理

长三角沿海区域当前运用的命令-控制型政策工具类型较为多样,主要有污染事故处理、生态红线修复、海洋保护区建设、环境监测督查、污染应急方案、排

污总量管理及排污设施规划等,都以政策文本的形式进行治理管控。

从整体上看,渔业海洋垃圾治理政策数量较多、种类比较完善。1972 年,中国代表团参加了联合国第一次人类环境会议;1973 年,我国通过了《关于保护和改善环境的若干规定(试行草案)》。《宪法》中对于环境保护也进行了明确规定,通过《海洋环境保护法》,我国开始将立法范围延伸到海洋环境保护范围。围绕《海洋环境保护法》,政府出台了海洋环境相关方面更为详细的条例和法规,海洋环境保护方面整体化的政策法规体系开始构建起来。1983 年召开了第二次全国环境保护会议,将环境保护正式确立为我国的一项基本国策。针对船舶运输业对海洋环境的影响,颁布了《中华人民共和国防止船舶污染海域管理条例》,该法案主要针对船舶运输业可能对海洋环境造成的污染和相关管理做出了规定。1986 年全国人大常委会第十四次会议通过了《中华人民共和国渔业法》,这部法律是渔业海洋垃圾治理政策立法的开端。到了 21 世纪,2012—2021 年这十年间,中央政府部门和长三角沿海区域地方政府部门颁布出台了大量有关渔业海洋垃圾治理的政策文本,为长三角沿海区域渔业海洋垃圾治理提供了制度和规章支持,推动了渔业海洋垃圾治理更好更快发展。2012 年发布了《全国海洋经济发展"十二五"规划》;2017 年发布了《全国海洋经济发展"十三五"规划》,提出要绿色发展、生态优先;2021 年"十四五"海洋经济发展规划》提出要严格保护海洋生态环境,另外还出台了《农业农村部办公厅关于做好渤海渔港环境综合整治和渔船污染防治工作的通知》《浙江省海域使用管理条例》《江苏省海洋环境保护条例》《浙江省海洋环境保护条例》《浙江省海洋生态环境保护"十四五"规划》《浙江省重点海域综合治理攻坚战实施方案(2022—2025 年)》等;此外,还有2022 年国务院发布的《重点海域综合治理攻坚战行动方案》,生态环境部发布的《"十四五"海洋生态环境保护规划》,以及《浙江省美丽海湾保护与建设行动方案》《2022 年上海市海洋生态预警监测工作方案》《江苏省近岸海域综合治理攻坚战实施方案》等渔业海洋垃圾治理政策文本。

为深化长三角沿海区域生态环境领域包容审慎监管,不断优化营商环境,促进经济高质量发展,持续提升区域生态环境保护执法一体化、规范化和精细化水平,长三角地区三省一市生态环境部门和司法部门联合印发了《长江三角洲区域生态环境领域轻微违法行为依法不予行政处罚清单》,自 2023 年 7 月 1 日起施行,有效期为五年。

在党和国家的号召下,为贯彻落实党中央对于海洋生态环境的保护政策,2019 年 5 月上海市陆续公布了《2019 年上海市海洋生态环境保护工作要点》《上海市关于进一步加强塑料污染治理的实施方案(征求意见稿)》等重要文件,有力地推动了相关工作的进展。上海市青浦区生态环境局确定青浦区生态保护红线划定,位于青浦区的生态保护红线分别是淀山湖生物多样性维护红线(面积18.04平方千米)、青浦大莲湖生物多样性维护红线(面积0.3平方千米)和黄浦江上游金泽水源涵养红线(面积3.63平方千米)。与2018年相比,淀山湖生物多样性维护红线面积增加0.08平方千米,更加精确了红线面积;青浦大莲湖生物多样性维护红线面积维持不变;黄浦江上游金泽水源涵养红线面积因黄浦江上游饮用水水源保护区划调整增加了0.39平方千米。生态保护红线原则上按禁止开发区域的要求进行管理,禁止城镇化和工业化活动,严禁不符合主体功能定位的各类开发活动。相关部门和属地政府严格按照《中华人民共和国渔业法》《中华人民共和国水污染防治法》《中华人民共和国野生动物保护法》《上海市河道管理条例》等相关法律法规规定,严格实施生态保护红线管控,贯彻落实《生态保护红线生态环境监督办法(试行)》《关于加强生态保护红线管理的通知(试行)》《关于落实"上海2035",进一步加强四条控制线实施管理的若干意见》等文件要求,加强生态保护红线生态环境监督,确保生态功能不降低、面积不减少、性质不改变,切实维护生态安全。

在污染物处理方面,浙江省坚持系统治理,打造海洋塑料垃圾治理"蓝色循环"模式。2021年,浙江省组建专项工作机制,由省发展改革委和省生态环境厅主要负责人任双组长,省级有关部门参与,重要问题提交省政府分管领导专题研究协调。建立了塑料污染治理数据统计和任务落实"两张清单"制度,定期调度工作进展,定量统计工作成效,着重推进重点任务的实施。同时,常态化开展塑料污染治理联合专项行动,督促压实各地主体责任,形成"一级抓一级、层层抓落实"的工作格局。以海洋塑料溢价与碳交易红利为基础,设立"蓝色生态共富基金",通过缴纳社保等方式重点向源头收集者倾斜,实现富民惠民。截至目前,"蓝色循环"项目已在台州市设置40余座"海洋云仓",发动沿海镇村困难群众200余人、渔船4278艘,带回海洋塑料垃圾1745吨,减少碳排放约2200吨,促进一线收集人员增收,为国内海洋塑料污染治理提供了可复制、可借鉴、可推广的"浙江方案"。作为海洋大省,浙江海漂塑料垃圾治理任务艰巨。近年来,浙江深入践行习近平生态文明思想,将海漂塑料垃圾清理作为塑料污染治理攻坚战的重要一环,以数字化改革为引领,以生态海岸带建设和美丽海湾保护为载体,构建海洋塑料垃圾清理体系,打造海洋塑料垃圾治理"蓝色循环"模式,努力促进海湾转清转净、转秀转美,取得了初步成效。浙江省人民政府印发的《浙江省美丽海湾保护与建设行动方案》中提到坚持陆海统筹、流域海域协同治理,深化巩固"五水共治"成效,推动海洋污染防治向生态保护修复转变。命令-控制型政策工具的主要政策法规条例见表7-1。

表 7-1　命令-控制型政策工具的主要政策法规条例

名称	内容
《中华人民共和国渔业法》	第十九条　从事养殖生产不得使用含有毒有害物质的饵料、饲料
	第二十条　从事养殖生产应当保护水域生态环境,科学确定养殖密度,合理投饵、施肥、使用药物,不得造成水域的环境污染
	第三十六条　各级人民政府应当采取措施,保护和改善渔业水域的生态环境,防治污染。渔业水域生态环境的监督管理和渔业污染事故的调查处理,依照《中华人民共和国海洋环境保护法》和《中华人民共和国水污染防治法》的有关规定执行
《中华人民共和国防止船舶污染海域管理条例》	第四条　在中华人民共和国管辖海域、海港内的一切船舶,不得违反《中华人民共和国海洋环境保护法》和本条例的规定排放油类、油性混合物、废弃物和其他有毒物质
	第五条　任何船舶不得向河口附近的港口淡水水域、海洋特别保护区和海上自然保护区排放油类、油性混合物、废弃物和其他有毒物质
	第十八条　船舶进行油类作业的过程中,如发生跑油、漏油事故,应及时采取清除措施,防止扩大油污染,同时向港务监督报告。查明原因后,应写出书面报告,并接受调查处理
	第十九条　船舶排放污染物,必须符合中华人民共和国《船舶水污染物排放控制标准》(GB 3552—2018)
	第二十七条　船舶垃圾不得任意倒入港区水域。装载有毒害货物,以及粉尘飞扬的散装货物的船舶,不得任意在港内冲洗甲板和舱室,或以其他方式将残物排入港内。确需冲洗的,事先必须申请港务监督批准
	第二十八条　在港船舶,凡需清倒船舶垃圾的,应在船上显示海港规定的信号,招用垃圾清倒船(车)接收处理
	第二十九条　来自有疫情港口的船舶垃圾,应申请卫生检疫部门进行卫生处理
	第三十条　船舶在海上处理垃圾,应符合相关规定
	第三十一条　任何单位需使用船舶倾倒废弃物的,应向起运港的港务监督提交国家海洋局或其派出机构的批准文件,经核实后,方可办理船舶进出口签证。如发现实际装载的与所批准的内容不符,则不予办理签证
	第三十二条　船舶在执行倾倒废弃物任务时,船方要如实记录倾倒情况。返港后,船方应向当地港务监督作出书面报告
	第三十三条　外国籍船舶不得在中华人民共和国管辖海域内进行倾倒废弃物作业,包括弃置船舶和其他浮动工具

续表

名称	内容
《农业农村部办公厅关于做好渤海渔港环境综合整治和渔船污染防治工作的通知》	（二）编制渔港水域污染防治规划。沿渤海各级渔业主管部门要选择部分重点渔港开展渔港水域环境监测，通过对渔港基础数据、环境状况的摸底排查以及与渔港视频监测系统的整合互联，建立健全沿海渔港水域污染监测体系
	（三）推进渔港污染防治设施设备配备。沿渤海各级渔业主管部门要按照《渤海渔港污染防治设施设备配备标准（试行）》要求，积极协调推进辖区内渔港污染防治设施设备配备和升级改造
	（四）加强渔港水域环境保护监管。渤海各级渔港监督管理机构应加强对渔港水域环境保护工作的监管，对造成海洋环境污染损害的行为依法予以处理
《浙江省海域使用管理条例》	第七条　编制海洋功能区划应当遵循海域使用管理法规定的原则，并根据当地经济社会发展水平以及海洋环境保护要求，明确相关内容
《江苏省海洋环境保护条例》	第五条　沿海县级以上地方人民政府环境保护行政主管部门作为环境保护统一监督管理的部门，对本级政府管辖海域内的海洋环境保护工作实施指导、协调和监督，并负责防治本行政区域内陆源污染物和海岸工程建设项目对海洋污染损害的环境保护工作
	第十四条　环境保护行政主管部门应当加强对沿岸直接入海的排污口和入海河口上溯三十公里范围内的排污的监测、监视、调查和评价
《浙江省海洋环境保护条例》	第四条　沿海县级以上人民政府环境保护行政主管部门作为环境保护工作统一监督管理的部门，对所管辖海域的海洋环境保护工作实施指导、协调和监督，并负责防治本行政区域内陆源污染物和海岸工程建设项目对海洋污染损害的环境保护工作
	第十八条　具有特殊地理条件、生态系统、生物与非生物资源及海洋开发利用特殊需要的区域，可以划定为海洋特别保护区
	第二十三条　逐步实行重点海域排污总量控制制度
《浙江省美丽海湾保护与建设行动方案》	（二）打造人海和谐美丽岸线 1.加快入海排污口整治提升。逐一明确入海排污口责任主体，动态清理"两类"（非法设置和设置不合理）排污口，规范入海排污口的备案管理和树标立牌。明确入海排污口分类，坚持"一口一策"分类攻坚，完成重点入海排污口规范化整治，实现在线监测全覆盖，稳定达标排放。 2.开展海岸线修复工程。加强海岸线保护与整治修复，重点加强沙滩资源和砂砾质岸滩保护修复

续表

名 称	内 容
《长江三角洲区域生态环境领域轻微违法行为依法不予行政处罚清单》	为深化长江三角洲区域生态环境领域包容审慎监管,不断优化营商环境,促进经济高质量发展,持续提升区域生态环境保护执法一体化、规范化、精细化水平,根据《中华人民共和国行政处罚法》等法律法规、规章的规定,制定本清单

注:受篇幅限制,表中部分条例内容未完整列出,有删改。

2.市场机制型政策工具的主要政策法规梳理

现行的市场机制型政策工具主要包括环境法规处罚、海洋生态补偿、废弃渔船改造、治污资金投入和第三方污染治理等。市场机制型政策工具是在环境资源市场化利用的基础上产生的,其目的就是利用市场机制对环境资源进行整合,实现更科学、高效的资源配给,这与我国目前的生态建设方向一致,更加凸显了市场机制型政策工具研究的重要性。

随着税费制度的不断发展,政府部门在征收排污费的同时着手研究环境保护税。2018年1月1日排污费废止,同时《中华人民共和国环境保护税法》及《海洋工程环境保护税申报征收办法》正式实施。环境保护税是指为实现保护环境的目标,对排污者的排污行为征税,排污量越大税款越高,排污量越小税款越低。环境保护税应税污染物主要包括大气和水污染物、固体废弃物和噪声污染等。环境保护税的征管需要生态环境机关与税务部门之间的合作,两个部门专业不同、分工不同,在税收工作的开展过程中两者缺一不可。因此《中华人民共和国环境保护税法》对这两个部门的职责和协作模式进行了规定,要求建立涉税信息共享平台。为激励排污单位减排,实现清洁生产,制定了更加合理的环保税征收标准和税收减免政策,统一征税对象,并从法律上明确环保税的地位,起到更强的监督和导向作用。环境保护税的制定和实施,在我国市场机制型政策工具研究中具有重要的里程碑意义,自应用以来,环境保护税在一定程度上限制了企业排污,缓解了海洋环境污染问题,推动了海洋经济绿色发展。

排污权交易制度基于污染物总量控制原则,利用市场机制将限定的排污权在有排污需求的企业间进行流转,进而实现控制环境污染的目的。2014年,国务院办公厅印发《关于进一步推进排污权有偿使用和交易试点工作的指导意见》;2015年,财政部等三个部门联合制定《排污权出让收入管理暂行办法》,规范排污权出让收入管理,合理利用市场促进污染物减排,健全有偿使用环境资源机制,指导推进排污交易试点工作,做好污染物总量控制,提高排污权交易效率。

浙江、天津、烟台等沿海省、市先后建立排污权交易中心和海洋产权交易机构等平台。排污单位在当地的交易平台注册备案,整合交易信息上传至平台进行数据化管理,直观呈现排污交易进展过程,在海洋环境治理信息层面发挥一定的积极作用,有利于后续市场管理工作的有序展开。海洋排污权交易市场的运作,是在市场机制基础上进行的,受市场交易价格的影响,取得排污许可的企业进入市场,出售多余的排污权,使有限的排污权在企业之间合理分配。

我国生态补偿研究起步于 20 世纪 90 年代,海洋生态补偿概念可基于生态补偿概念进行理解。生态补偿有狭义和广义之分。狭义上的生态补偿是指人们对生态环境中因生产活动所造成的环境损失部分进行补偿;广义上的生态补偿包含狭义概念,并涵盖行政、市场等手段对生态环境的修复行为及对生态系统内部的区域对象保护行为。环境保护税、排污权交易都属于广义上的生态补偿。为了缓解经济发展与环境保护之间的矛盾,近年来中央政府部门陆续出台《关于开展生态补偿试点工作的指导意见》《关于健全生态保护补偿机制的意见》《建立市场化、多元化生态保护补偿机制行动计划》等文件。市场机制型政策工具的主要政策法规条例见表 7-2。

表 7-2　市场机制型政策工具的主要政策法规条例

名　称	内　容
《中华人民共和国环境保护税法》	第十条　应税大气污染物、水污染物、固体废物的排放量和噪声的分贝数,按照相对应的方法和顺序计算
	第十四条　环境保护税由税务机关依照《中华人民共和国税收征收管理法》和本法的有关规定征收管理
《海洋工程环境保护税申报征收办法》	第三条　本办法所称应税污染物,是指大气污染物、水污染物和固体废物。纳税人排放应税污染物,包括大气污染物、水污染物和固体废物,不同污染物按照其相应的方法进行环境保护税的计征
《关于进一步推进排污权有偿使用和交易试点工作的指导意见》	(十)激活交易市场。国务院有关部门要研究制定鼓励排污权交易的财税等扶持政策。针对不同的地区、主体采用不同的扶持政策减少污染物排放
《关于健全生态保护补偿机制的意见》	(八)海洋。完善捕捞渔民转产转业补助政策,提高转产转业补助标准

注:条例内容为概括性梳理,在原文基础上有改动。

3.社会参与型政策工具的主要法规梳理

渔业海洋垃圾治理不是仅靠政府主导来完成的,也不能单靠市场的调节机制,它需要多方共同努力进行整体性治理,社会参与就是其中重要的一部分。

在 2022 年第六届全国净滩公益活动中,启东市青年志愿者协会、启东市环境保护志愿者协会和南通大学杏林学院的大学生志愿者共 260 余人开展了净滩行动,这是南通市启东生态环境局联合启东市环境保护志愿者协会开展的"守护美丽岸线"系列公益活动结出的硕果。从 2018 年开始已经开展了 50 余场系列活动,统筹推进重点河口、海湾、岸滩污染综合治理,采取有效措施,系统地解决了当地海洋生态环境问题,推动了全省海湾生态环境稳定向好发展。南通启东的净滩志愿服务活动也是典型之一,南通市启东生态环境局副局长赵建群介绍,在推行流域海域协同治理的基础上,启东要求江海沿线的每一个村就近、就便、常态化开展净滩志愿行动。很多企业也主动参与净滩活动,捐赠志愿服务所需物资。净滩活动也带动了近岸海域海洋垃圾清理,2021 年以来,启东累计开展近岸海域海洋垃圾清理工作 60 余次,共清理海洋垃圾 42 余吨,累计清理海岸带长达 12.4 千米。盐城市也出台了《关于进一步加强海滩垃圾清理工作的意见》,从加强组织领导、机制创新、资金保障、督查考核、社会共治 5 个方面保障和推动海滩垃圾清理,明确了沿海各县(市、区)人民政府在严控陆源垃圾入海、强化海上垃圾治理、规范上岸垃圾处置、完善基础设施配套 4 个方面的重点任务。"截至 10 月底,盐城市已累计出动人员 3 万余人次,清理各类海滩垃圾 4 万余吨。其中东台还制定了海滩垃圾分类处理标准,建立日常巡查管理制度,现有日常保洁人员 150 人,定期开展海滩垃圾集中清理。"盐城市生态环境局海洋处处长成华说。连云港市印发了《连云港市海洋垃圾清理专项行动方案》,围绕岸滩垃圾、海岛及海洋漂浮垃圾、海底垃圾等分别明确了专项清理方案,全面开展海洋垃圾综合治理,加快推进海洋清漂行动。连云港市生态环境局海洋处带领组建了覆盖 211 千米海岸线的有 96 名巡湾员的队伍,开展每周不低于 3 次的岸滩巡查,还动员 30 多家单位认领"爱心海滩",以清洁海岸志愿服务中心等社会组织为载体推动建立"民间湾长"制度。社会参与型政策工具的主要政策法规条例见表 7-3。

表 7-3　社会参与型政策工具的主要政策法规条例

名称	内容
《关于进一步加强海滩垃圾清理工作的意见》	加强督查考核。市污防攻坚办[市湾(滩)长办]将全市海滩垃圾清理工作纳入湾(滩)长制日常督查和年度考核内容
	推动社会共治。沿海各地在湾(滩)长公示牌上设立海滩垃圾举报电话,鼓励社会公众反映海滩环境问题。各地、各有关部门和单位加大清洁海岸的宣传力度。充分发挥志愿者社团组织以及志愿者的作用,引导社会公众提高海洋生态环境保护意识

名称	内容
《重点海域综合治理攻坚战行动方案》	加强信息公开和公众参与。充分发挥各类新闻媒介的舆论宣传作用,增强公众海洋生态环境保护意识。依法披露企业环境信息,充分发挥全国生态环境信访投诉举报管理平台和网络监督作用,提高公众参与海洋生态环境保护的自觉性和积极性

注:条例内容为概括性梳理,在原文基础上有改动。

(二)基于政策主体的长三角沿海区域渔业海洋垃圾治理政策梳理

渔业海洋垃圾治理在海洋环境治理中所占的比重越来越大,渔业海洋垃圾治理也与海洋资源开发与海洋产业发展密切相关,我国中央和地方政府对其的重视程度和扶持力度也在不断加大。从政策发布主体的维度来看,本书筛选出的 132 份政策文本主要涉及三个种类:一是中央政府部门颁布的有关于渔业海洋垃圾治理的规划、政策目标等;二是长三角沿海区域地方政府颁布的关于渔业海洋垃圾治理的具体措施、意见、行政规范等,措施更为具体;三是中央政府部门间或地方相关政府部门间联合发布的政策。政府各部门职能互补,共同推进渔业海洋垃圾治理的发展。

长三角沿海区域渔业海洋垃圾治理政策发布主体的分布显示了中央和地方政府部门在渔业海洋垃圾治理政策领域的职能分工和合作情况。本书选取的 132 份政策文本中,颁布渔业海洋垃圾治理政策的中央政府和地方相关政府部门共 56 个,其中中央政府部门 16 个,长三角沿海区域地方政府部门 40 个,江苏省人民政府作为单一主体发文数最多(9 份),其次是江苏省人民政府办公厅(8 份)和浙江省海洋与渔业局(7 份)。在发文主体数量方面,单一主体制定并颁布政策 104 份,联合主体制定并颁布政策共计 28 份。在联合主体发文方面,中央政府部门联合发文共计 10 份,长三角沿海区域地方政府部门联合发文共计 20 份,这些数据表明在长三角沿海区域渔业海洋垃圾治理上,中央政府部门和地方相关政府部门均有一定程度的跨部门合作,其中地方相关政府部门合作比中央政府部门合作程度高,但是整体来看,政府部门在渔业海洋垃圾治理上的合作仍然不足。详见表 7-4、表 7-5。

表 7-4 中央政府部门渔业海洋垃圾治理政策文本(部分)

序号	名称	发文主体
1	《农业部关于贯彻落实〈国务院关于促进海洋渔业持续健康发展的若干意见〉的实施意见》	农业部
2	《中华人民共和国船舶及其有关作业活动污染海洋环境防治管理规定》	交通运输部

续表

序号	名称	发文主体
3	《中华人民共和国渔业法》	全国人大常委会
4	《防治船舶污染海洋环境管理条例》	国务院
5	《中华人民共和国海洋环境保护法》	全国人大常委会
6	《交通运输部　财政部关于印发〈船舶油污损害赔偿基金征收使用管理办法〉的通知》	交通运输部、财政部
7	《财政部　环境保护部关于推进水污染防治领域政府和社会资本合作的实施意见》	财政部、环境保护部
8	《关于修改〈中华人民共和国船舶污染海洋环境应急防备和应急处置管理规定〉的决定》	交通运输部
9	《关于印发〈全国农业可持续发展规划(2015—2030年)〉的通知》	农业部
10	《中华人民共和国水污染防治法》	全国人大常委会
11	《中华人民共和国防止拆船污染环境管理条例》	国务院
12	《交通运输部关于修改〈港口经营管理规定〉的决定》	交通运输部
13	《国家海洋局关于印发〈全国海岛保护工作"十三五"规划〉的通知》	国家海洋局
14	《关于建立资源环境承载能力监测预警长效机制的若干意见》	中共中央办公厅、国务院办公厅
15	《交通运输部关于公布四项交通运输行政许可事项取消后的事中事后监管措施的公告》	交通运输部

表7-5　长三角沿海区域各省(市)渔业海洋垃圾治理政策文本(部分)

序号	名称	发文机关
1	《上海海事局危管防污处关于船舶污染清除资质申请的重要提醒的通知》	上海海事局
2	《关于印发浙江省渔业发展"十二五"规划的通知》	浙江省发展和改革委员会
3	《上海市海洋局、上海市发展和改革委员会关于印发〈上海市海洋发展"十二五"规划〉的通知》	上海市海洋局、上海市发展和改革委员会
4	《浙江省人民政府关于印发〈浙江省重要海岛开发利用与保护规划〉的通知》	浙江省人民政府
5	《浙江省人民政府关于印发〈资源节约与环境保护行动计划〉的通知》	浙江省人民政府

续表

序号	名称	发文机关
6	《浙江省海域使用管理条例》	浙江省人大常委会
7	《江苏省政府办公厅关于印发〈江苏省"十二五"环境保护和生态建设规划〉重点工作部门分工方案〉的通知》	江苏省人民政府
8	《上海市环境保护局、上海市绿化和市容管理局、上海市农业委员会等关于印发〈上海市生物多样性保护战略与行动计划(2012—2030 年)〉的通知》	上海市环境保护局、上海市绿化和市容管理局、上海市农业委员会、上海市水务局(上海市海洋局)
9	《关于印发〈浙江省海域海岛海岸带整治修复保护规划〉的通知》	浙江省发展和改革委员会、浙江省海洋与渔业局
10	《省政府关于推进现代渔业建设的意见》	江苏省人民政府
11	《关于印发〈关于严厉打击扰乱渔场秩序破坏海洋环境违法行为的通告〉的通知》	浙江渔场修复振兴暨"一打三整治"协调小组办公室
12	《浙江省财政厅 浙江省海洋与渔业局关于印发〈浙江省海洋与渔业综合管理和产业发展专项资金管理办法(试行)〉的通知》	浙江省财政厅、浙江省海洋与渔业局
13	《上海港船舶污染防治办法》	上海市人民政府
14	《省政府关于加强近岸海域污染防治工作的意见》	江苏省人民政府
15	《浙江省海洋与渔业局关于电脉冲、地笼网、帆张网、多层囊网拖网使用问题的通告》	浙江省海洋与渔业局

(三)基于政策发布时间的长三角沿海区域渔业海洋垃圾治理法规梳理

在确定渔业海洋垃圾治理政策的发布时间维度时,大致将 2012—2022 年的 132 份渔业海洋垃圾治理政策文本分为三个阶段:2012—2015 年、2016—2020 年、2021—2022 年。在将所筛选的政策文本发表年度进行频数统计后,得到 2012—2022 年发文的时间分布,具体如表 7-6 所示。

渔业海洋垃圾治理政策发布的年份分布表现在时间纵向跨度下渔业海洋垃圾治理政策的发展趋势。从表 7-6 可以看出,在整个渔业海洋垃圾治理的政策中,政策发布数量最少的是 2012 年,只发布了 5 份渔业海洋垃圾治理政策;政策发布数量最多的是 2016 年,有 17 份;紧随其后的是 2017 年的 16 份,以及 2018

年、2021 年、2022 年的 15 份。按照本书划分的三个阶段来看,2012—2015 年共发布渔业海洋垃圾治理政策文本 29 份,2016—2020 年发布政策文本 73 份,2021—2022 年发布政策文本 30 份。

总体上来看,2012—2022 年,渔业海洋垃圾治理政策数量呈现增长趋势,体现出政府对渔业海洋垃圾治理的重视程度在不断上升,可以预想在今后的年份中,渔业海洋垃圾治理发布的政策数量还会呈现逐年上升趋势。

表 7-6　长三角沿海区域渔业海洋垃圾治理政策文本发布时间统计

序号	年份	数量(份)
1	2012 年	5
2	2013 年	8
3	2014 年	4
4	2015 年	12
5	2016 年	17
6	2017 年	16
7	2018 年	15
8	2019 年	13
9	2020 年	12
10	2021 年	15
11	2022 年	15
合计	—	132

(四)基于政策文本形式的长三角沿海区域渔业海洋垃圾治理法规梳理

从政策文本形式看,在筛选出的 132 份长三角沿海区域渔业海洋垃圾治理政策文本中,政策文本形式大致有意见、规定、法律、条例、通知、决定、公告、办法、规划、方案、批复、指导、要点、细则、计划、函等,形式具有多样性,反映了中央政府部门和地方相关政府部门对渔业海洋垃圾治理的支持方式和手段多样。

如表 7-7 所示,通知形式的政策文本数量最多,共 55 份;其次是条例,共 18 份;然后是意见,共 13 份;其他政策文本形式数量均较少。说明现在长三角沿海区域渔业海洋垃圾治理的相关政策文本中,政策层级较低的占据了绝大多数,优点是灵活度高、政策易调整,缺点是政策级别低、范围小、效力有限。在政策文本形式中,"法律""规定""条例"形式的政策文本法律效力较强,但是在 132 份长三角沿海区域渔业海洋垃圾治理政策文本中,这三种效力较强的政策文本只有 25

份,如《中华人民共和国渔业法》《中华人民共和国环境保护法》等,缺少一部如
"渔业海洋垃圾治理法"的专门针对渔业海洋垃圾治理的法律。总体上我国长三
角沿海区域渔业海洋垃圾治理在立法上仍存在一定的不足,缺乏专门的法律法
规,权威性有一定欠缺。

表 7-7　长三角沿海区域渔业海洋垃圾治理政策文本形式统计

序号	政策文本形式	数量(份)
1	意见	13
2	规定	4
3	法律	3
4	条例	18
5	通知	55
6	决定	2
7	公告	2
8	办法	7
9	规划	5
10	方案	11
11	批复	1
12	指导	1
13	要点	4
14	细则	1
15	计划	3
16	函	2
合计	—	132

三、长三角沿海区域渔业海洋垃圾治理政策法规整体成效、不足及需求

（一）长三角沿海区域渔业海洋垃圾治理政策法规的整体成效

从整体上来看,渔业海洋垃圾治理政策数量和种类比较完善。长三角沿海
区域渔业海洋垃圾治理政策文本数量不断增加,一般是由中央政府部门发布总
纲性或指导性的政策,地方省(市)部门接受中央发布的政策,根据自己地区的实
际情况再颁布相应的实际政策。

1. 突出政府引领功能

长三角沿海区域渔业海洋垃圾治理政策主要是以当地政府为主导,相关政府组织根据国家战略进行配合的环境治理政策。长三角沿海区域渔业海洋垃圾治理政策以国家总体环境治理形势为基础,紧跟国家环境治理布局与战略。政府在渔业海洋垃圾治理的过程中主要起引领作用,在政策制定上,中央政府根据国家情况进行总体政策的制定与发行,地方各级政府部门在其指导下,以各地实际情况为参考,出台具有效力的相关治理政策和法规。根据前文的统计数据,在基本政策工具中,命令-控制型政策工具占较大比重,在政策发布主体中,中央政府与地方政府相互配合,将理论与实际联系在一起,从而更加突出了政府部门在渔业海洋垃圾治理过程中的引领作用。政府部门通过相关政策支持、治污资金投入、专业人员培训等参与整个渔业海洋垃圾治理的流程,进而可以有效降低渔业海洋垃圾治理对社会组织和一些企业造成的风险压力,具有极大的积极意义和保障。例如《浙江省人民政府关于印发〈浙江省美丽海湾保护与建设行动方案〉的通知》中提到,坚持以习近平新时代中国特色社会主义思想为指导,深入贯彻习近平生态文明思想,坚持生态优先、绿色发展,坚持陆海统筹、流域海域协同治理,深化巩固"五水共治"成效,推动海洋污染防治向生态保护修复和亲海品质提升升级,促进海湾转清转净、转秀转美,实现人海和谐,全力服务海洋强省和全省共同富裕示范区建设。一是打造人海和谐美丽岸线,二是实施海域海岛生态保护修复,三是加强宣传引导。

2. 各部门相互配合,共同治理

长三角沿海区域渔业海洋垃圾治理不是单个或者几个主体能够独立完成的工作,要使长三角沿海区域渔业海洋垃圾治理工作有序开展,需要进行整体性治理。在长三角沿海区域渔业海洋垃圾治理过程中,形成了以政府部门为主导、其他部门相互配合的格局。就政府单个主体而言,如在政府内部需要人民政府、海洋与渔业局、交通运输局、环境保护厅、人大常委会等部门共同协作,在明确各自部门本职工作的基础上,联合推出相关政策条款,健全相关渔业海洋垃圾治理体制和运行机制。在政府外部治理过程中,政府要与人民群众、社会组织及相关企业之间相互配合、支持,多主体及部门之间协同并进,成为长三角沿海区域渔业海洋垃圾治理的共同体。政府提供相关渔业海洋垃圾治理信息,人民群众献策献力并进行监督,企业和社会组织提供有效参与渔业海洋垃圾治理的途径,各主体运用全社会的力量推动渔业海洋垃圾治理的可持续发展。

3. 强调全过程治理

长三角沿海区域渔业海洋垃圾治理在政策的制定与执行过程中,治理流程不断优化。在最初渔业海洋垃圾治理中,大多是政府带领,以治理过程中的末端治理为主,但是在治理过程中逐渐发展到全过程的监控治理,治理内容不断扩充,发展到源头减排、中间控制、末端治理的渔业海洋垃圾治理的全流程。在长三角沿海区域渔业海洋垃圾整个治理过程中,从治理主体来说,不是政府单方面去整治管理,而是企业、社会组织和公众一同投入治理的过程中;从治理内容来说,在政府政策的引导下,将节约公共资源、保护海洋环境、推动经济发展三方面很好地结合在一起,如大力发展治污产业,在促进环境保护的同时推动了经济发展,推动公民献言献策,有效地避免了公共资源的浪费,同时能够切实地解决人民眼前的污染问题。由江苏省生态环境厅和江苏海警局联合开展的以"保护海洋环境 共建美好家园"为主题的"江苏生态环境海洋执法周"活动,由省厅和属地共同安排,在南通、连云港、盐城等地进行,包括海上监测巡航暨海洋项目执法检查、监测执法船公众开放、"世界海洋日"宣传、海洋执法专题培训等。此次活动展现了海洋领域以严格执法监管支撑海洋环境高水平保护的具体行动,为深入打好污染防治攻坚战、加快改善海洋生态环境质量、建设"强富美高"新江苏提供有力保障。

4.创新治理方式

改革与创新是我国发展的主旋律之一,纵观我国渔业海洋垃圾治理政策发展历程,在实践的基础上,政府不断根据国内实际污染与治理情况,制定出符合我国国情的渔业海洋垃圾治理政策。在治理渔业海洋垃圾的道路上,我国政府树立了"日日新,时时新"的政策治理观念,不断借鉴国外相关的优秀治理经验,增强我国的理论基础。随着科技愈来愈成为影响国家综合国力的重要因素,我国政府与时俱进,将科技创新运用于理论与实际,在具体的实施上,如港岸码头的渔业海洋垃圾污染处理设施、海洋监控网络平台等都是由于科技的发展而逐渐建设起来的,渔业海洋垃圾治理技术也随之不断发展,保证了渔业海洋垃圾治理政策体系的先进性、科学性与有效性,不断促进我国渔业海洋垃圾治理体系的创新与发展。

(二)长三角沿海区域渔业海洋垃圾治理政策法规的不足

命令-控制型政策工具的优点是可以更好地进行水环境污染源控制,具有强制性和及时性,尤其是在处理紧急环境事件时更加有效;其劣势在于缺乏灵活性,即"被管制者"在环境目标选择或者达成目标的处理方式上只能接受统一规定而无法做自由选择。

近年来,渔业海洋垃圾的危害日益显著,不仅危害海洋生态环境,还对人类活动、动物生存以及滨海旅游等产生了影响。上海每年对辖区范围内的海滩以及近岸海域存在的海洋垃圾开展定期定点监测。针对海洋塑料垃圾,上海多年来开展监测调查,建立岸滩垃圾清理长效机制,在滨海旅游度假区等岸滩投放垃圾收集设施,提高垃圾清运频次,保持重点滨海区域的环境。2022年上海制定了《上海市2022年加强塑料污染治理工作重点任务安排》《上海市长江口—杭州湾海域综合治理攻坚战实施方案》等工作任务和方案。

市场机制型政策工具通过赋予企业更多的自主性,使水污染治理从政府的强制行为变成企业的自觉行为,从而鼓励和引导企业采用更加先进的技术,在整体上形成低成本、高效率的污染防治体系。在市场机制不健全的社会中,环境政策的滞后性往往会加重,导致各项政策手段无法充分发挥作用。例如浙江省在加快老旧渔船改造,保障渔业安全生产的过程中,要想加快渔船更新改造、保障渔业安全生产、推动渔业转型升级,就要解决补贴政策、渔民生计和安全治理三方面问题。按照政策要求,已获取更新改造补助的国内海洋捕捞渔船,五年内不得买卖。但是部分渔民因补助到期,或"三无船"一打三整治,无法享受补助,有些渔民缺乏改造动力。为解决这一问题,今后应继续优化补助,大力引导和支持渔船更新改造,提高渔民的参与度,进一步解决老旧渔船潜在的安全隐患。一是结合渔民生计和资源环境承载力因地制宜,二是适当放开对老旧渔船的新建审批,三是提升渔船装备的现代化水平。

社会参与型政策工具,一方面能够让广泛参与的社会公众向政府反馈水环境治理过程中各类主体的需要和意见,有利于降低政府管理成本;另一方面有利于在社会营造良好的海洋环境保护氛围。但是社会参与型政策工具有一定的间接性,其作用的发挥对参与机制的畅通度和信息的透明度要求较高。

综上所述,长三角沿海区域存在政策工具运用不均衡、政府干预较多、市场和社会公众的参与性有待加强等问题。

(1)命令-控制型政策工具使用过多。在长三角沿海区域渔业海洋垃圾治理政策中占比超过半数。我国渔业海洋垃圾治理起步较晚,发展时间短,前进目标、未来规划等都还在不断摸索与寻找中。政府旨在通过宏观的政策引领,构建一个良好的渔业海洋垃圾治理环境。命令-控制型政策工具在使用过程中主要利用的是政策的强制性,但是过多运用可能会损害政府权威。在渔业海洋垃圾治理政策文件的制定上,由于渔业海洋垃圾治理工作较为复杂,涉及内容与范围也较为广泛,很难由单一政府主体去治理,从而可能导致多头监管现象的出现。

(2)市场机制型政策工具使用不足。与命令-控制型政策工具相比,市场机制型政策工具内部细化程度不深。长三角沿海区域渔业海洋垃圾治理市场机制不够完善。同时,政府为了推动渔业海洋垃圾治理市场发展,需要向其中投入大量的财政资金及人力资源,设立相关渔业海洋垃圾监测机构和培养行政人员,该举措既会造成极大的财政压力,又会导致政府机构的臃肿。

(3)社会参与型政策工具使用有待完善。社会参与型政策工具所占比例在三类基础政策工具中最小。在渔业海洋垃圾治理中政府资源有限,要想建立长期的渔业海洋垃圾治理体制,必然离不开公众的广泛参与。当前长三角沿海区域在渔业海洋垃圾治理的公众参与方面大多依赖公众自发参与,没有建立长期有效的激励与引导机制,渔业海洋垃圾治理政策文件中关于社会参与的政策条目大多是纲领性的要求,没有明确具体地指出关于渔业海洋垃圾治理社会和公众参与的奖励实质措施。环保行动大多以政府强制执行为主,长期发展下去必然导致公众参与热情降低,也难以树立自发自觉参与渔业海洋垃圾治理的环保意识。

(三)长三角沿海区域渔业海洋垃圾治理政策法规的需求

1.政策法规制定内容统一性、规范性及稳定性需求

制定政策法规的目的在于解决问题,政策法规内容的统一性对于长三角沿海区域来说是必不可少的,从长三角沿海区域渔业海洋垃圾治理政策可以看出,渔业海洋垃圾治理的法律条例较为零散,内容缺乏统一性。首先,长三角沿海区域可以在政策法规制定的程序中进行规范化,对需要解决的问题进行定位,针对问题展开一系列工作,将问题贯穿政策法规制定的各个环节和步骤,牢牢抓住问题之间的关联性,将相应的政策法规分类统一,进而总结相应的措施,统筹关联性问题和对应的政策法规,保证其稳定性和规范性,在实施过程中,长三角沿海区域可以根据当地实际情况因地制宜。其次,针对现有的地方性法规和政策"量"的充足和"质"的不足,长三角沿海区域在政策法规的内容制定上应更注重规范性和有效性,长三角沿海区域可以吸收在渔业海洋垃圾治理和政策制定方面的优秀人才,利用专业的人员和知识来做专业的事情,让政策法规的内容更具合理性,满足其内容方面的需求。

2.政策法规制定主体区域性、协作性及整体性需求

在长三角沿海区域渔业海洋垃圾治理的政策法规中,在政策空间上大多以各自省(市)为主,跨省级别的区域合作很少,大多数关于跨区域级别的合作政策条目出现在中央政府部门颁布的政策文本中。长三角沿海区域政策法规制定主体应加强主体间、地区间的合作,构建政府、企业、社会团体及民众多方的协同治理模式。首先,应满足共同的需求,保证参与合作的主体对于共同利益的认知,使其制定政策法规所需的资源和要素得到满足,明确其合作所能达到的预期,催生刺激地方政府跨区域合作的意愿。其次,增强长三角地区各省份之间的交流,各地方政策法规制定的主体可以定期举行关于长三角沿海区域渔业海洋垃治理的会议和座谈会等,各主体之间相互交流经验,同时加深对长三角沿海区域渔业海洋垃圾治理情况的了解,减少盲目性和局部性的漏洞,解决主体区域性与整体性之间的矛盾。各政策法规制定的主体还应明确合作规则,以互惠互利为核心,界定科学明确的责任和义务,做到利益共享、责任同担,满足主体间协作性,各司其职。

3.政策法规制定机制均衡性、协调性及全面性需求

首先,在长三角地区的政策法规制定的三种政策工具的使用方面,应在保持或者适当减小命令-控制型政策工具使用比重的同时,加大市场机制型政策工具和社会参与型政策工具的使用比重,使三种政策工具相互协调,使其被均衡利用,充分发挥各自的最大优势。针对不同的问题制定一种或多种政策工具结合最优的政策法规,保证政策法规的协调性,从而提升政策工具的利用效率。其次,在长三角沿海区域渔业海洋垃圾协同治理机制中,可以使用技术治理,将政策法规制定过程中的数据进行研发、加工、转换,使其更精准,更具丰富性、权威性。政策法规制定主体机制要不断完善,保证政府制定的良性与持续发展。在长三角沿海区域的渔业海洋垃圾治理机制中,发挥各方的优势,以全局性的思维来实施,使其能够协调运转。

第二节　长三角沿海区域渔业海洋垃圾法治化治理路径

一、长三角沿海区域渔业海洋垃圾法治化治理的现实要求

(一)渔业海洋垃圾法治化治理的内涵界定

渔业海洋垃圾治理法治化就是要把渔业海洋垃圾治理纳入法治轨道,将法治理念、法治价值、法治思维以及法治方式贯穿渔业海洋垃圾治理的全过程,在渔业海洋垃圾治理过程中将法治化的内涵具体化,实现渔业海洋垃圾治理领域的良法善治。

"长三角区域渔业海洋垃圾治理法治化"概念是由"长三角区域法治化"与"渔业海洋垃圾治理法治化"两个概念融合而来的。概括而言,长三角区域渔业海洋垃圾治理法治化即渔业海洋垃圾治理法治化在长三角区域范围内的实施。长三角区域渔业海洋垃圾治理法治化,通过长三角区域治理的法治协同,通过具有一定规范方式的法治化路径,达成一致的法律规则对其各主体进行约束,以完善长三角区域海洋环境治理的法治状况。

（二）渔业海洋垃圾法治化治理的现实要求

1.长三角沿海区域渔业海洋垃圾法治化治理的必要性

我国海洋自然环境优越，拥有众多海洋资源。近十年来，海洋渔业产量一直位居世界第一，其中以长三角地区为核心的东部海洋经济圈海洋渔业经济发展飞速。但是随着海洋渔业经济的不断发展壮大，垃圾污染问题也日益显著。海洋治理需用整体性的视角看待，海洋环境具有极强的跨区域性和整体性，这决定了长三角区域的海洋环境治理必须走共治路线，开展区域环境法治化治理已经成为当前的迫切需要和必然选择。

长三角区域是我国综合实力最强的经济中心，沿海省市海洋产业不断发展、海洋资源不断被开发，不可避免地带来废弃物排放多、海洋环境污染大等问题，其中渔业海洋垃圾污染问题层出不穷，因此不容小觑。

目前长三角沿海区域渔业海洋垃圾治理尚存诸多不足之处，我国学者多基于渔业海洋垃圾治理法律政策等视角对渔业海洋垃圾治理法治化问题进行研究，不管是在自然科学领域还是在法律规制领域，我国有关渔业海洋垃圾治理法治化的研究均寥寥可数，而相关探究也大都浅尝辄止，细化至渔业海洋垃圾治理法治化路径的研究较为空缺。

尽管我国已有的关于海洋环境保护的法律法规对海洋垃圾污染问题做出了明确规定，但长三角地区现行地方性法规及规范性文件中，就渔业海洋垃圾污染问题作出明确界定的仍相对缺乏。我国法律制度就如何对待渔业海洋垃圾治理相关行为方面的研究较少，研究视角不够全面，研究程度不够深入，存在一定的局限性，长三角区域渔业海洋垃圾法治化治理势在必行。

2.长三角沿海区域渔业海洋垃圾法治化治理的可行性

在海洋强国战略及全面依法治国的大背景下，应该对渔业海洋垃圾治理法治化的实施路径给予高度重视，以此响应党的十八届四中全会中明确提出的全面推进依法治国指导思想，以制度化、规范化的方式治理海洋生态环境问题。我国海洋环境治理也应该跟随党的步伐，结合我国渔业海洋垃圾治理的实际情况进行渔业海洋垃圾治理法律政策的研究，就加强渔港、渔船和近海养殖等方面的垃圾治理问题进行探讨，以法治化路径为基点探索出一条符合中国国情、具有中国特色的渔业海洋垃圾治理道路，以此实现海洋渔业生态环境的有效治理。

二、长三角沿海区域渔业海洋垃圾法治化治理的现实困境

(一)渔业海洋垃圾治理区域专项立法不足

在渔业海洋垃圾治理的立法层面,问题主要集中在立法缺失、法律位阶较低及立法更新滞后等方面。纵观我国有关海洋环境治理的立法情况,虽然有部分关于海洋生态环境保护方面的规定,但专门针对渔业海洋垃圾治理的法律法规尚为空白。随着长三角区域海洋经济的不断发展,现行的相关法律法规已然无法满足该阶段的发展需求,亟须出台一部全过程、全方位且具有针对性的渔业海洋垃圾治理法。

(二)渔业海洋垃圾治理区域执法界限模糊

我国的海洋生态环境治理涉及众多部门,如海洋、渔业、农业等部门。我国现行的有关长三角沿海区域渔业海洋垃圾治理的法律法规多是以部门为依据划分的。这种传统的部门化规章制度,虽有利于提高各部门的管理实施效率,但是对于跨区域、跨部门的长三角沿海区域渔业海洋垃圾治理而言,执行起来往往会责权不明、权力分散。由于没有专门对应长三角沿海区域渔业海洋垃圾治理的法律法规,容易形成治理盲区和真空地带。由此可见,渔业海洋垃圾治理专项立法缺失、长三角沿海区域渔业海洋垃圾治理受到行政区域划分的制约及海洋流动性带来的跨区域污染等问题,都是造成执法界限模糊、执法主体权责不清的原因,以此衍生出执法被动、执法不严等问题。加之海洋环境污染具有扩散性,进一步增加了长三角沿海区域渔业海洋垃圾治理严格执法的难度。

(三)渔业海洋垃圾治理区域司法建设不完善

海洋渔业司法的重点是保护环境受害者权益,而当前的海洋渔业司法体系还比较薄弱,主要表现在司法诉讼救济方面欠缺,以及对渔业海洋垃圾污染危害的重视程度不够等。就目前渔业海洋垃圾治理问题而言,大量渔业海洋垃圾污染无法通过司法途径解决,渔业海洋垃圾数量多、来源广,因此很难具体定位责任主体,对于渔业海洋垃圾污染侵权行为难以走司法诉讼的程序,有关渔业海洋垃圾污染损害赔偿的问题并未得到解决。加之长三角地区沿海城市众多,各城市的经济发展不一,导致在跨地区的海洋环境司法中整体一致性受到影响。目前我国的渔业诉讼多是渔业纠纷、渔业污染事件,通常以企业为主。但实际上不同主体实行的规则不一,导致在多主体面前诉讼资格适用混乱。再者,渔业海洋垃圾污染造成的损害具有延迟性,其危害可能会在过一段时间后才展现出来,因此,渔业海洋垃圾污染的判定也是一大难点。在发现不及时、补救不到位的情况下,渔业海洋垃圾污染的诉讼案赔偿较难认定。

（四）渔业海洋垃圾治理中渔民法治意识淡薄

在渔业海洋垃圾治理中，渔民作为最主要的参与者，有着不容忽视的地位及作用。但这一主体参与渔业海洋垃圾治理的意识淡薄，导致渔业海洋垃圾治理效果难以实现最大化。首先，大多数渔民对于自己在治理过程中发挥的作用缺乏正确认识，大部分渔民对海洋的自我净化能力存在误判。他们朴素地认为"看不见"的垃圾即"不存在"，没有认识到随手丢弃的垃圾在自然作用下无法降解。并且，大部分渔民尚未意识到渔业海洋垃圾对海洋渔业生产活动及渔业生态环境的危害将直接波及自身，没有意识到自己也是生态圈中的一员。因此，渔民、养殖户等对于渔业海洋垃圾治理的参与度不够、参与治理意识的薄弱导致其参与作用并未得到充分发挥。地方政府仍然以宣传教育的方式发动社会各主体参与渔业海洋垃圾治理，致使社会主体的参与缺乏强制的法律约束。其次，由于海洋的流动性和广阔性，大部分渔民面对治理环境的问题时会习惯性忽略自身，并不认为渔业海洋垃圾的治理与自己有关，法不责众和逃避问题的观念根深蒂固。最后，由于目前的政策手段仍以命令-控制型为主，方式较为单一，渔民、公益协会和其他渔业组织的力量容易被忽视。这在一定程度上也是渔业海洋垃圾法治化治理推进落实的一大难点。

三、长三角沿海区域渔业海洋垃圾法治化治理路径优化

渔业海洋垃圾治理法治化建设并不是一个孤立的过程。目前，我国海洋生态环境法治建设的基本路径以立法、执法、司法、守法为主，并相互协调，坚持以全面依法治国的基本格局为法治化治理的前提。虽然我国目前对渔业海洋垃圾治理法治化的重视程度有所提高，但是仍存在诸多问题。从法治化建设的进程来看，长三角沿海区域渔业海洋垃圾治理的路径优化具体可以从以下四点着手：完善渔业海洋垃圾治理法律体系、规范渔业海洋垃圾治理执法环境、完善渔业海洋垃圾治理司法建设、强化渔民渔业海洋垃圾治理法律意识。

（一）完善渔业海洋垃圾治理法律体系

在长三角区域渔业海洋垃圾治理法治化建设的进程中，立法是源头治理的第一步，其重要性不言而喻。立法存在问题意味着治理源头出现了问题，需要追本溯源，立法是实现长三角沿海区域渔业海洋垃圾治理法治化之基础。

首先，依据海洋环境生态文明建设的要求构建渔业海洋垃圾治理专项立法体系，充分考虑长三角沿海各省市跨区域治理过程中存在的现实问题，据此制定出切实可行的法规条例并完善区域性治理法律法规，根据长三角沿海区域海洋环境治理的法治化原则建立渔业海洋垃圾治理的立法协调机制，出台并完善长

三角区域沿海各省市渔业海洋垃圾治理的专项立法,解决执法过程中因缺乏相关法律指导带来的各种问题。

其次,整合长三角沿海区域现有渔业海洋垃圾治理的地方性法规和规范性文件,充分考虑渔业海洋垃圾污染问题的特殊性和实际情况,建立长三角沿海区域渔业海洋垃圾治理统一机制及沿海各省市现有法律之间的联系,构建长三角沿海区域专项立法信息交流平台以实现有效沟通。同时,增强地方立法与长三角沿海区域海洋经济发展的匹配度。在渔业海洋垃圾治理地方性法规和规范性文件的制定过程中,应该针对目前长三角沿海区域各省市的海洋经济发展现状、长三角沿海区域渔业海洋垃圾治理所面临的严峻问题及有效可行的处理方式等进行详细的调查研究,使沿海各省市地方性法规和规范性文件具有普适性。另外,地方政府和立法机关应该及时关注辖区渔业海洋垃圾治理过程中遇到的新问题,及时对长三角沿海区域的地方性立法进行修订、补充和完善,对遇到的新问题及时采取相应的对策以适应海洋环境的发展状况,弥补法律空白。

再次,培育并借助专业型人才。渔业海洋垃圾治理涉及的领域过于广泛,从渔业海洋垃圾污染监测、渔业海洋垃圾污染事故处理再到渔业海洋垃圾后续的生态补偿等,要求政府相关的渔业海洋垃圾治理管理人员必须具备足够的专业知识,在挑选、培训出专业型人才后,坚持以科学为基础,以正确价值观为引导,合法地进行渔业海洋垃圾治理。渔业海洋垃圾治理政策的制定要基于治理的实际,只有对复杂的渔业海洋垃圾治理情况进行监测分析后,才能够有足够的经验制定相关政策,使渔业海洋垃圾治理的法律法规更具合理性、可行性。科技创新与人才培养是我国海洋强国建设的核心动力,在渔业海洋垃圾治理上,科技创新能够提高技术含量,人才则是发挥主观能动性的关键要素。健全我国的人才培养体系是我国海洋强国建设长久发展的根本。

最后,增强政策工具运用的协调性。从整体上看,渔业海洋垃圾治理政策数量和种类比较完善。从基本政策工具类型和政策文本形势上看,长三角沿海区域政策工具包括命令-控制型、市场机制型、社会参与型三种,在实际的运用过程中存在命令-控制型政策工具使用过度、市场机制型政策工具使用不足、社会参与型政策工具有待完善等问题。政策工具之间相互依存、相互影响、相互作用,长三角沿海区域渔业海洋垃圾治理,需要各类政策工具的有效组合以实现政策工具的最大效力,发挥其最大优势,取长补短。

区域性渔业海洋垃圾治理,需要区域内各省市间的协调,实现整体性的区域渔业海洋垃圾治理。当前长三角沿海区域渔业海洋垃圾治理政策中主体联合发文较少,以单一主体发文为主。就政策文本形式而言,通知、条例、意见等较多,细则、指导、方案等较少,说明在长三角沿海区域渔业海洋垃圾治理方面,以宏观性政策为主,多部门联合发表的配套细则较少。为解决这一问题,首先,要建立省际环境协调机构,这是一个跨部门和跨区域的整体性治理机构,要从省际协调机构中细分出专业小组机构,对环境问题进行执法检查等。其次,要健全地方政府协作规则体系,制定如"长三角沿海区域渔业海洋垃圾治理法"等专门针对长三角沿海区域的法规。最后,创新区域环境协作技术,做到在渔业海洋垃圾污染事故发生后,能够第一时间找到污染源,寻找相关负责单位,减少区域渔业海洋垃圾污染治理导致的政府间的谈判和纠纷等。辅以完善的渔业海洋垃圾治理信息网,不同区域的政府能够实时获取有关渔业海洋垃圾治理信息,实现长三角沿海区域渔业海洋垃圾治理信息动态化和常态化。

(二)优化渔业海洋垃圾治理执法环境

长三角区域渔业海洋垃圾治理过程中存在的执法困境,不但受到有关专项立法的影响,而且源于执法机关本身,渔业行政执法部门是否能有效履行其法定职责,与长三角沿海区域渔业海洋垃圾治理的法治环境息息相关。为提高长三角区域渔业海洋垃圾治理法治的执行力,需要从执法协作机制和监督执法体系共同入手。渔业海洋垃圾治理的执法机关应当以海洋环境保护相关法律法规为执法依据,实现执法者有法必依。

首先,应当明确渔业行政执法部门的主体地位,这是跨区域、跨部门海洋协作执法的前提条件。合理划定各级部门的权力和职责,确保各个执法部门在其职能权限范围内严格履行各自职责并落实执法主体责任,具体制定渔业海洋垃圾管理细则,既要避免职能交叉,也要避免互相推诿。

其次,需要完善长三角沿海各省市的区域性海上执法协作机制。一方面,可以设立相应的渔业行政执法考核机制,将各执法部门渔业海洋垃圾治理情况纳入绩效考核,在规范执法工作的同时形成良好的执法环境;另一方面,可以建立相应追责制度,在执法过程中对于不同主体的过失行为应该运用不同方式进行追责,因地制宜施策。

再次,需要完善长三角沿海各省市的区域性监督执法体系。在渔业海洋垃圾监督执法层面,应当树立依法行政意识并端正监督执法的指导思想,建立长三角沿海区域各省市统一、完整的渔业海洋垃圾监测与监督执法体系,例如出台专门针对长三角地区渔业海洋垃圾治理的相关条款条例,组建相应的执法、管理部门,设立相应的监督考核机制。部门内部设立考核等级制度,对法治部门人员设立奖惩制度,督促其尽职尽责,外部设立群众监督渠道,例如信访部门等,及时接收群众意见,对渔业企业加强监督,严格管制其海上作业行为,做到合法守法。在加大监督执法力度的同时应该提高渔业行政执法队伍的素质,落实渔业监管部门的责任。

最后,可以通过市场化、行政化、德育教育手段等,营造良好的执法环境。全面落实"谁执法谁普法"的普法责任制,坚持严格执法,强化执法管理。并且要具体问题具体分析,在长三角沿海区域渔业海洋垃圾治理过程中,需要执法者根据实际情况下定论,切不可一概而论,针对特定的或者具有典型意义的情况,在不断的探索、研究中总结经验,从而实现真正贯彻法治精神内核的职权管理。

(三)夯实渔业海洋垃圾治理司法建设

海洋环境司法建设是长三角区域渔业海洋垃圾治理法治化过程中尤为重要的一环。在海洋渔业司法工作中,应该秉持司法公正原则,树立公正的司法理念。在长三角沿海区域有关渔业海洋垃圾污染事件的司法建设中,尤其应该积极探索更具多样性的司法渠道,完善海洋渔业的诉讼管辖制度,以推动区域性海洋环境司法建设。首先,在长三角区域各辖区建立专门的渔业海洋垃圾污染鉴定团队和具有渔业污染司法鉴定资质的专业性调查鉴定机构,因涉及多个领域,为了最大程度保证鉴定的客观性与准确性,渔业海洋垃圾污染的鉴定需要专业人才和专业技术。目前在长三角并没有建立起针对渔业海洋垃圾的监控体系,在这方面需要有关部门加大投入力度,加强对渔业海洋垃圾的监测和识别,逐步掌握渔业海洋垃圾的轨迹动态。实现通过统计分析就可以推测出渔业海洋垃圾的来源地和聚集地,以更好地进行源头管控,开展更高效的清洁行动。其次,拓宽海洋渔业诉讼主体范围,考虑更多利益相关者的诉讼资格,可以将渔业合作社、渔嫂协会等纳入其中,明确规定诉讼主体在诉讼过程中的顺位,通过联合多方力量,建立公平、公正的区域性海洋渔业诉讼制度。最后,可以建立台账制度,对相关海洋渔业事件加以记录,利用大数据建立长三角沿海区域海洋渔业生产活动的相关情况数据库,将各种海洋渔业环境事件纳入其中,对数据进行留底,以此提高诉讼主体举证的可能性,使长三角沿海区域渔业海洋垃圾污染事件的司法诉讼成为可能。

(四)强化渔民渔业海洋垃圾治理法律意识

海洋环境的建设是各社会主体共同的责任,长三角沿海区域渔业海洋垃圾治理需要各主体参与其中。

首先,应当加强长三角沿海区域渔业组织和渔民的海洋环保法律意识教育。针对渔业组织和渔民渔业海洋垃圾治理法律意识淡薄,应充分发挥地方政府的引领作用,明确渔民在渔业海洋垃圾治理中的主体责任。相关部门应积极推进普法宣传工作,增强渔业组织和渔民的法律意识,让渔民了解到渔业海洋垃圾治理法治化的意义,学习相关的法律条款,提高在依法治理渔业海洋垃圾方面的自觉性。在具体工作中,线下可以在公园、社区进行渔业海洋垃圾治理的普法宣传,或者将相应的法律知识融入会演,举办渔业海洋垃圾治理法律法规知识竞赛等,相关部门也可以制作贴合渔民生活实际的宣传片,创新渔业海洋垃圾治理的宣传教育手段;线上可以通过电视和互联网等媒介进行传播教育,例如通过微信公众号、抖音等平台宣传法律知识,实现线上和线下相结合。在日常生活中,以各居民委员会和村民委员会为单位,委员会的成员定期上门宣传渔业海洋垃圾治理及其相关法律条文,面对面进行相关法律知识的讲解,做到人人都学习,户户不落下。通过丰富多彩的形式和多样化的渠道,让渔民能够更深入地了解渔业海洋垃圾的污染和危害及渔业海洋垃圾治理法治化的必要性,利用简单而有效的方式达到法律教育的效果,从而提高渔民的法律意识,树立正确的海洋环境保护观,将知识融入日常行为,调动渔民的积极性和主动性。

其次,构建长三角沿海区域渔业海洋垃圾治理的管理体系。建立区域性渔业海洋垃圾监管机制,以属地政府带头引领渔业合作社、渔嫂协会等社会组织对各区域渔业海洋垃圾治理情况进行督管。加大渔业组织的治理参与度,将渔排、渔船、渔港列为重点监管对象,从源头减少渔业海洋垃圾的产生,建立渔业海洋垃圾治理检查的常态化机制。

最后,可以通过优化渔业海洋垃圾治理的守法机制鼓励渔民积极参与渔业海洋垃圾污染治理,更好地实现全民知法守法。就渔业海洋垃圾治理过程中的其他主体,可以采取不同的方案开辟多主体共建海洋生态文明的路径,营造渔业海洋垃圾法治化治理的良好氛围,以此推进海洋环境法治体系建设,进一步推动长三角沿海区域海洋经济可持续发展。

参 考 文 献

[1] 赵肖,綦世斌,廖岩,等.我国海滩垃圾污染现状及控制对策[J].环境科学研究,2016,29(10):1560-1566.

[2] 徐连章.新制度经济学视角下的我国海洋渔业资源可持续利用研究[D].青岛:中国海洋大学,2010.

[3] 浙江省统计局.2022 年浙江统计年鉴[R].杭州:浙江省统计局,2022,10.

[4] 郑巧,肖文涛.协同治理:服务型政府的治道逻辑[J].中国行政管理,2008(7):48-53.

[5] 田培杰.协同治理概念考辨[J].上海大学学报(社会科学版),2014,31(1):124-140.

[6] 张贤明,田玉麒.论协同治理的内涵、价值及发展趋向[J].湖北社会科学,2016(1):30-37.

[7] 邓念国.公共服务提供中的协作治理:一个研究框架[J].社会科学辑刊,2013(1):87-91.

[8] 姚引良,刘波,王少军,等.地方政府网络治理多主体合作效果影响因素研究[J].中国软科学,2010(1):138-149.

[9] 杨立华,张柳.大气污染多元协同治理的比较研究:典型国家的跨案例分析[J].行政论坛,2016,23(5):24-30.

[10] 曾华岚.船舶垃圾污染海洋的成因及对策[J].环境保护,1998(11):41-42,45.

[11] 毛达.海洋垃圾污染及其治理的历史演变[J].云南师范大学学报(哲学社会科学版),2010,42(6):56-66.

[12] 宋利明,陈明锐."丢弃渔具"研究进展[J].水产学报,2020,44(10):1762-1772.

[13] 黄洪亮,冯超,李灵智,等.当代海洋捕捞的发展现状和展望[J].中国

水产科学,2022,29(6):938-949.

　　[14]　鞠茂伟,张守锋,曲玲,等.废弃渔具污染防治现状与管理对策探讨[J].环境保护,2020,48(23):32-36.

　　[15]　李辉,任晓春.善治视野下的协同治理研究[J].科学与管理,2010,30(6):55-58.

　　[16]　李倩,陈晓光,郭士祺,等.大气污染协同治理的理论机制与经验证据[J].经济研究,2022,57(2):142-157.

　　[17]　胡志高,李光勤,曹建华.环境规制视角下的区域大气污染联合治理——分区方案设计、协同状态评价及影响因素分析[J].中国工业经济,2019(5):24-42.

　　[18]　张立荣,冷向明.协同治理与我国公共危机管理模式创新——基于协同理论的视角[J].华中师范大学学报(人文社会科学版),2008(2):11-19.

　　[19]　聂挺.风险管理视域:中国公共危机治理机制研究[D].武汉:武汉大学,2014.

　　[20]　王艳丽.城市社区协同治理动力机制研究[D].长春:吉林大学,2012.

　　[21]　胡永保.中国农村基层互动治理研究[D].长春:东北师范大学,2014.

　　[22]　贾生华,陈宏辉.利益相关者的界定方法述评[J].外国经济与管理,2002(5):13-18.

　　[23]　金艳荣.利害相关者参与公共决策:类型、过程与实现途径[J].理论探讨,2014(1):154-157.

　　[24]　郑华伟,张锐,刘友兆.利益相关者视角下农村土地整理项目绩效评价[J].中国土地科学,2014,28(7):54-61.

　　[25]　舟山市生态环境局.我市湾(滩)长制试点工作扎实推进显成效[R].舟山:舟山市人民政府,2020.

　　[26]　舟山市人民政府.舟山市公开第二轮中央生态环境保护督察整改落实情况[R].舟山:舟山市人民政府,2023.

　　[27]　舟山市人民政府.舟山市人民政府关于进一步完善生态补偿机制的实施意见[R].舟山:舟山市人民政府,2007.

　　[28]　舟山市人民政府办公室.舟山市人民政府办公室关于建立健全环境污染问题发现机制的实施意见[R].舟山:舟山市人民政府,2022.

　　[29]　舟山市生态环境局.舟山市建立海上环卫工作机制实施方案[R].舟山:舟山市人民政府,2022.

[30] 舟山市海洋与渔业局.舟山市建立海洋执法联动机制的实施方案[R].舟山:舟山市人民政府,2020.

[31] 李珊珊.邻避冲突多元主体协同治理效果影响因素的实证研究[D].成都:西南交通大学,2021.

[32] 杨毅.全域土地综合整治多元主体协同治理效果形成机理研究[D].武汉:华中农业大学,2022.

[33] 沙勇忠,王峥嵘,詹建.政民互动行为如何影响网络问政效果?——基于"问政泸州"的大数据探索与推论[J].公共管理学报,2019,16(2):15-27,169.

[34] 傅广宛,茹媛媛,孔凡宏.海洋渔业环境污染的合作治理研究——以长三角为例[J].行政论坛,2014,21(1):72-76.

[35] 范如国.复杂网络结构范型下的社会治理协同创新[J].中国社会科学,2014(4):98-120,206.

[36] 冯振伟.体医融合的多元主体协同治理研究[D].济南:山东大学,2019.

[37] 张振波.论协同治理的生成逻辑与建构路径[J].中国行政管理,2015(1):58-61,110.

[38] WADDOCK S A. Understanding social partnerships[J]. Administration and society,1989(21):78-100.

[39] 刘超.邻避冲突复合治理:理论特征与实现途径[J].中国行政管理,2020(1):158-159.

[40] 蔡岚.协同治理:复杂公共问题的解决之道[J].暨南学报(哲学社会科学版),2015,37(2):110-118.

[41] 李英,马文超.环境政策与第三方治理企业创新投入[J].财会月刊,2023,44(2):34-42.

[42] 刘红波,高新珉.负面舆情、政府回应与话语权重构——基于1711个社交媒体案例的分析[J].中国行政管理,2021(5):130-137.

[43] STARK A,TAYLOR M. Citizen participation,community resilience and crisis-management policy[J]. Australian journal of political science,2014,49(2):300-315.

[44] 杨莉.乡村治理中村民的参与有效与有效参与——基于民主立方理论的比较分析[J].探索,2022(4):131-146.

[45] 刘伟忠.我国地方政府协同治理研究[D].济南:山东大学,2012.

[46] 陈伟,殷妙仲.协同治理下的服务效能共谋——一个华南"混合行动

秩序"的循证研究[J].学习与实践,2016(10):82-93.

[47] 吴明隆.结构方程模型——AMOS 的操作与应用[M].重庆:重庆大学出版社,2010.

[48] 郝陆陆,张国山.整体性治理理论研究的发展[J].内蒙古民族大学学报(社会科学版),2021,47(1):120-124.

[49] 陶勇,马家志.浙江现代渔业的发展对策研究[J].农村经济与科技,2020,31(23):92-93.

[50] 高令梅,郭建林,陈建明,等.浙江省渔业经济发展对策研究[J].中国渔业经济,2021,39(6):28-34.

[51] 程骏,叶卫富,罗海忠,等.浙江省嵊泗县贻贝产业发展现状及SWOT 分析[J].中国渔业经济,2022,40(5):57-66.

[52] 汪新.微塑料对海洋环境和渔业生产的影响研究现状及防控措施[J].渔业研究,2021,43(1):89-97.

[53] 李雪威,李鹏羽.欧盟参与全球海洋塑料垃圾治理的进展及对中国启示[J].太平洋学报,2022,30(2):63-76.

[54] 高骏,黄耀文.我国海洋塑料垃圾污染的治理困境及对策探析[J].再生资源与循环经济,2022,15(6):14-17.

[55] 崔野.全球海洋塑料垃圾治理:进展、困境与中国的参与[J].太平洋学报,2020,28(12):79-90.

[56] 李潇,杨翼,杨璐,等.欧盟及其成员国海洋塑料垃圾政策及对我国的启示[J].海洋通报,2019,38(1):14-19.

[57] 安立会,李欢,王菲菲,等.海洋塑料垃圾污染国际治理进程与对策[J].环境科学研究,2022,35(6):1334-1340.

[58] 张方慧,金正昆.海洋塑料垃圾污染及其治理:国外的经验与启示[J].观察与思考,2022,540(12):92-100.

[59] 陈庆云.公共政策分析[M].北京:北京大学出版社,2006.

[60] 伯特尼,史蒂文斯.环境保护的公共政策[M].2 版.穆贤清,方志伟,译.上海:上海人民出版社,2004.

[61] 徐赢斌.基于政策工具的长三角沿海区域渔业海洋垃圾治理政策优化研究[D].舟山:浙江海洋大学,2022.

[62] 王慧卉,梁国正.塑料垃圾对海洋污染的影响及控制措施分析[J].南通职业大学学报,2014,28(1):68-72.

[63] 国峰,李志恩,秦玉涛,等.上海市海洋垃圾分布、组成与来源分析[J].海洋开发与管理,2014,31(9):110-113.

[64] 李龙飞.中国海洋环境法治四十年:发展历程、实践困境与法律完善[J].浙江海洋大学学报(人文科学版),2019,36(3):20-28.

[65] 刘惠荣,齐雪薇.全球海洋环境治理国际条约演变下构建海洋命运共同体的法治路径启示[J].环境保护,2021,49(15):72-78.

[66] 陈莉莉,姚源婷,姚丽娜.长三角沿海区域渔业海洋垃圾治理机制构建——基于整体性治理视角[J].中国渔业经济,2021,39(6):20-27.

[67] 潮新闻.杭州这场高端对话会,聚焦全球海洋治理[N/OL].(2023-04-21)[2023-12-22]. http://new. qq. com/rain/a/20230421A06JPM00,2023-04-21.

[68] 孙畅.海洋垃圾污染问题的国际法规制:成就、缺失与前路[D].吉林:吉林大学,2013.

[69] 彭洪达.海洋塑料垃圾治理的国际法研究[D].济南:山东大学,2020.

[70] 温源远,李宏涛,杜譞,等.海洋塑料污染防治国际经验借鉴[J].环境保护,2018,46(8):67-70.

[71] 古小东,陈敏康,洪素丽,等.我国海洋垃圾治理制度的优化——基于美国的经验与借鉴[J].环境保护,2022,50(22):69-75.

[72] 李雨桐,曲亚囡.日本海洋垃圾治理法律与政策对我国的启示[J].中北大学学报,2022,38(6):148-152.

[73] 杨雨.东盟国家海洋塑料垃圾治理研究[D].昆明:云南大学,2022.

[74] 陈亮.海洋环境保护国际经验借鉴与启示[J].中国生态文明,2016(1):64-68.

[75] 刘洋,裴兆斌,闫波.我国海洋塑料垃圾治理法律困境及对策研究[J].海洋开发与管理,2023,40(5):41-49.

[76] 刘冰玉.规制塑料废物跨境转移的里程碑:《巴塞尔公约》修正案的影响[J].经贸法律评论,2020(2):47-59.

[77] 王志.国外海洋经济发展成功经验启示与借鉴[J].合作经济与科技,2015(7):32-34.

[78] 马国勇,刘欣.基于利益相关者理论的生态产品价值实现机制探析——以武夷山国家公园为例[J].世界林业研究,2023,36(4):87-93.

[79] 创新"海洋云仓"治污模式 打造"渔省心"数字化应用场景[J].政策瞭望,2022(1):54-56.

[80] 刘轩.基于扎根理论的社区协商建设研究——以武汉老旧小区加装电梯改造为例[D].武汉:湖北省社会科学院,2021.

[81]　王仙雅.高校教师国际化科研成果产出影响因素——基于扎根理论的探索性研究[J].科技进步与对策,2017,34(15):15-19.

[82]　袁新民,董水生.基于辩证法的农村公共产品供给的协同治理研究[C]//河北省廊坊市社会科学界联合会.2009中国·廊坊基于区域经济发展的京津廊一体化研究——廊坊市域经济发展与京津廊经济一体化学术会议论文集.北京:中国经济出版社,2009.

[83]　2009中国·廊坊基于区域经济发展的京津廊一体化研究——廊坊市域经济发展与京津廊经济一体化学术会议论文集[C].北京:中国经济出版社,2009.

[84]　孙磊.协同语境下的我国农村公共产品供给机制创新研究[J].农业部管理干部学院学报,2012(3):63-67.

[85]　李永亮."新常态"视阈下府际协同治理雾霾的困境与出路[J].中国行政管理,2015(9):32-36.

[86]　姚源婷.舟山市渔民参与渔业海洋垃圾治理意愿及影响因素研究[D].舟山:浙江海洋大学,2022.

[87]　黄国超.公众参与海洋塑料垃圾治理的域外经验及启示[J].福建轻纺,2021(9):21-23,29.

[88]　宋海燕.基于协同治理的舟山市渔农村"湾(滩)长制"机制优化研究[D].舟山:浙江海洋大学,2022.

[89]　陈莉莉,詹益鑫,曾梓杰,等.跨区域协同治理:长三角区域一体化视角下"湾长制"的创新[J].海洋开发与管理,2020,37(4):12-16.

[90]　南通市人民政府.市政府办公室关于印发《南通市"湾(滩)长制"实施方案》的通知[J].南通市人民政府公报,2019(7):51-56,146.

[91]　陈建.数字化技术赋能环境治理现代化的路径优化[J].哈尔滨工业大学学报(社会科学版),2023,25(2):80-90.

[92]　"蓝色循环"海洋垃圾数字化治理[J].中华环境,2022(8):53-54.

[93]　王鹏飞,陈娟.政策工具:长三角水环境政策制定的动力引擎——基于江浙沪皖水环境政策的文本分析[J].中共南京市委党校学报,2021(5):77-86.

[94]　王鹏飞,陈娟.江苏省水环境政策工具分类及优化路径研究——基于文本分析视角[J].无锡商业职业技术学院学报,2021,21(5):59-65.

[95]　陈亮.我国海洋污染问题、防治现状及对策建议[J].环境保护,2016,44(5):65-68.

[96]　吴永华.我国海洋区域污染防治管理模式研究[D].重庆:西南大学,2014.

后　记

写下这本书的最后一笔,我心中充满了感慨和期待。在长三角沿海区域渔业海洋垃圾治理的研究过程中,我带着我的学生们走访沿海很多渔业社区,特别是舟山的渔岛渔村社区,因此,本书的实证研究部分基本以舟山为研究区域完成。我希望本书能为减少渔业海洋垃圾、改善海洋环境、促进渔业的可持续发展做出一份贡献。

在研究过程中,从搜集渔业海洋垃圾数据、分析现有治理措施,到与政府相关部门、企业、社会组织和渔民进行深入交流探讨,每一阶段的研究都很艰难且具有挑战性。但正是这些努力才让我更加深刻地认识到渔业海洋垃圾对生态环境的危害以及渔业海洋垃圾治理对渔业可持续发展的重要性。

特别感谢所有协助我完成本书写作及研究的学生们的付出,他们是张杰、薛赛林、倪舒凡、延子晴、姚源婷、徐赢斌、宋海燕、陈晓欣、韦佳雨、王识涵、池澄、马杨懿、王新雨、陈悦。

感谢永续全球环境研究所、全球环境创意基金、帕卡德基金会给本书提供的支持。

同时,感谢所有参与调查和提供数据支持的政府相关部门人员、企业人员、社会组织人员和渔民。若没有他们的合作和支持,本课题组就无法完成这项研究。

长三角沿海区域渔业海洋垃圾治理任重道远。渔业海洋垃圾治理需要全社会的参与和共同努力。期待本书的研究能引起更多人的关注,并为决策者制定相关政策和措施提供参考依据。

最后,本课题组要向所有的读者表达诚挚的感谢。感谢你们的阅读和关注,希望本书的研究能够增强全社会的渔业海洋垃圾治理意识,推动全社会参与渔业海洋垃圾治理,实现渔业海洋垃圾多主体协同治理、整体性治理、数字化治理、法治化治理。

让我们共同努力,为减少渔业海洋垃圾、保护海洋环境、促进渔业可持续发展而行动!

陈莉莉